京华通览

历史文化名城

主编／段柄仁

北京的城市规划

王岩／编著

北京出版集团公司

北京出版社

图书在版编目（CIP）数据

北京的城市规划／王岩编著．— 北京：北京出版社，2018.3

（京华通览）

ISBN 978-7-200-13426-1

Ⅰ．①北… Ⅱ．①王… Ⅲ．①城市规划—史料—北京 Ⅳ．①TU984.21

中国版本图书馆CIP数据核字（2017）第266370号

审 图 号 京S（2013）034号

出 版 人　曲　仲
策　　划　安　东　于　虹
项目统筹　孙　菁　董拯民
责任编辑　董拯民
封面设计　田　晗
版式设计　云伊若水
责任印制　燕雨萌

《京华通览》丛书在出版过程中，使用了部分出版物及网站的图片资料，在此谨向有关资料的提供者致以衷心的感谢。因部分图片的作者难以联系，敬请本丛书所用图片的版权所有者与北京出版集团公司联系。

北京的城市规划
BEIJING DE CHENGSHI GUIHUA

王岩　编著

北 京 出 版 集 团 公 司
北 京 出 版 社　出版

＊

（北京北三环中路6号）
邮政编码：100120

网　址：www.bph.com.cn
北 京 出 版 集 团 公 司 总 发 行
新 华 书 店 经 销
天津画中画印刷有限公司印刷

＊

880毫米×1230毫米　32开本　6印张　122千字
2018年3月第1版　2022年11月第3次印刷
ISBN 978-7-200-13426-1
定价：45.00元

如有印装质量问题，由本社负责调换

质量监督电话：010-58572393

北京政区（21世纪10年代）

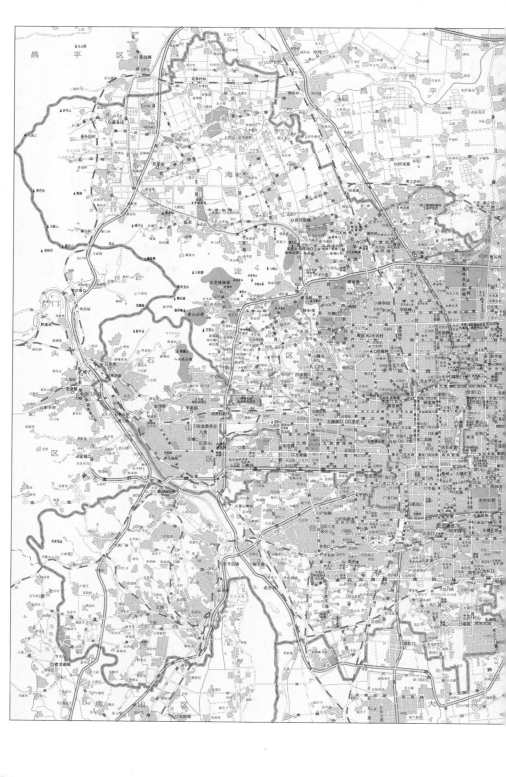

北京城区（21世纪10年代）

★　北京市

◉　区政府驻地

○　街道、地区办事处及乡、镇驻地

━━　高速公路

┅┅　城市快速路

注：本图以2002年图为基本资料，行政区划和主要要素参照2010年出版的《北京城市地图集》更

序

擦亮北京"金名片"

段柄仁

北京是中华民族的一张"金名片"。"金"在何处？可以用四句话描述：历史悠久、山河壮美、文化璀璨、地位独特。

展开一点说，这个区域在 70 万年前就有远古人类生存聚集，是一处人类发祥之地。据考古发掘，在房山区周口店一带，出土远古居民的头盖骨，被定名为"北京人"。这个区域也是人类都市文明发育较早，影响广泛深远之地。据历史记载，早在 3000 年前，就形成了燕、蓟两个方国之都，之后又多次作为诸侯国都、割据势力之都；元代作为全国政治中心，修筑了雄伟壮丽、举世瞩目的元大都；明代以此为基础进行了改造重建，形成了今天北京城的大格局；清代仍以此为首都。北京作为大都会，其文明引领全国，影响世界，被国外专家称为"世界奇观""在地球表面上，人类最伟大的个体工程"。

北京人文的久远历史，生生不息的发展，与其山河壮美、宜生宜长的自然环境紧密相连。她坐落在华北大平原北缘，"左环沧海，右拥太行，南襟河济，北枕居庸""龙蟠虎踞，形势雄伟，南控江淮，北连朔漠"，是我国三大地理单元——华北大平原、东北大平原、内蒙古高原的交会之处，是南北通衢的纽带，东西连接的龙头，东北亚环渤海地区的中心。这块得天独厚的地域，不仅极具区位优势，而且环境宜人，气候温和，四季分明。在高山峻岭之下，有广阔的丘陵、缓坡和平川沃土，永定河、潮白河、拒马河、温榆河和蓟运河五大水系纵横交错，如血脉遍布大地，使其顺理成章地成为人类祖居、中华帝都、中华人民共和国首都。

这块风水宝地和久远的人文历史，催生并积聚了令人垂羡的灿烂文化。文物古迹星罗棋布，不少是人类文明的顶尖之作，已有1000余项被确定为文物保护单位。周口店遗址、明清皇宫、八达岭长城、天坛、颐和园、明清帝王陵和大运河被列入世界文化遗产名录，60余项被列为全国重点文物保护单位，220余项被列为市级文物保护单位，40片历史文化街区，加上环绕城市核心区的大运河文化带、长城文化带、西山永定河文化带和诸多的历史建筑、名镇名村、非物质文化遗产，以及数万种留存至今的历史典籍、志鉴档册、文物文化资料，《红楼梦》、"京剧"等文学艺术明珠，早已成为传承历史文明、启迪人们智慧、滋养人们心灵的瑰宝。

中华人民共和国成立后，北京发生了深刻的变化。作为国家首都的独特地位，使这座古老的城市，成为全国现代化建设的领头雁。新的《北京城市总体规划（2016年—2035年）》的制定和中共中央、国务院的批复，确定了北京是全国政治中心、文化中心、国际交往中心、科技创新中心的性质和建设国际一流的和谐宜居之都的目标，大大增加了这块"金名片"的含金量。

伴随国际局势的深刻变化，世界经济重心已逐步向亚太地区转移，而亚太地区发展最快的是东北亚的环渤海地区、这块地区的京津冀地区，而北京正是这个地区的核心，建设以北京为核心的世界级城市群，已被列入实现"两个一百年"奋斗目标、中国梦的国家战略。这就又把北京推向了中国特色社会主义新时代谱写现代化新征程壮丽篇章的引领示范地位，也预示了这块热土必将更加辉煌的前景。

北京这张"金名片"，如何精心保护，细心擦拭，全面展示其风貌，尽力挖掘其能量，使之永续发展，永放光彩并更加明亮？这是摆在北京人面前的一项历史性使命，一项应自觉承担且不可替代的职责，需要做整体性、多方面的努力。但保护、擦拭、展示、挖掘的前提是对它的全面认识，只有认识，才会珍惜，才能热爱，才可能尽心尽力、尽职尽责，创造性完成这项释能放光的事业。而解决认识问题，必须做大量的基础文化建设和知识普及工作。近些年北京市有关部门在这方面做了大量工作，先后出版了《北京史》（10卷本）、《北京百科全书》（20卷本），各类志书近900种，以及多种年鉴、专著和资料汇编，等等，为擦亮北京这张"金名片"做了可贵的基础性贡献。但是这些著述，大多是服务于专业单位、党政领导部门和教学科研人员。如何使其承载的知识进一步普及化、大众化，出版面向更大范围的群众的读物，是当前急需弥补的弱项。为此我们启动了《京华通览》系列丛书的编写，采取简约、通俗、方便阅读的方法，从有关北京历史文化的大量书籍资料中，特别是卷帙浩繁的地方志书中，精选当前广大群众需要的知识，尽可能满足北京人以及关注北京的国内外朋友进一步了解北京的历史与现状、性质与功能、特点与亮点的需求，以达到"知北京、爱北京，合力共建美好北京"的目的。

这套丛书的内容紧紧围绕北京是全国的政治、文化、国际交往和科技创新四个中心，涵盖北京的自然环境、经济、政治、文化、社会等各方面的知识，但重点是北京的深厚灿烂的文化。突出安排了"历史文化名城""西山永定河文化带""大运河文化带""长城文化带"四个系列内容。资料大部分是取自新编北京志并进行压缩、修订、补充、改编。也有从已出版的北京历史文化读物中优选改编和针对一些重要内容弥补缺失而专门组织的创作。作品的作者大多是在北京志书编纂中捉刀实干的骨干人物和在北京史志领域著述颇丰的知名专家。尹钧科、谭烈飞、吴文涛、张宝章、郗志群、马建农、王之鸿等，都有作品奉献。从这个意义上说，这套丛书中，不少作品也可称"大家小书"。

总之，擦亮北京"金名片"，就是使蕴藏于文明古都丰富多彩的优秀历史文化活起来，充满时代精神和首都特色的社会主义创新文化强起来，进一步展现其真善美，释放其精气神，提高其含金量。

2017 年 11 月

目录

CONTENTS

概　述

　　北京北依燕山，西邻太行山，南连华北大平原，东距渤海约150公里。市域面积1.64万平方公里。

　　北京是世界闻名的古都，已有3000多年的建城史和1000余年的建都史。从公元前11世纪末至五代，北京先后是燕国、前燕、后燕和北燕的都城，辽时为陪都，金、元、明、清、民国前期以及中华人民共和国均在此建都。

一

　　金以前，城市的重心在今莲花池畔。元大都将北京城址转移到高梁河水系，新城址是以金中都东北郊的一座离宫——大宁宫为中心进行规划建设的。大都城的兴建，体现了《周礼》"惟王建国，辨方正位"的规划设计思想。无论是建筑规模、科学布局还是建筑艺术和工程水平，都是其他都城建设无法比拟的。

明北京城对元大都的改建有继承，也有发展，形成北起鼓楼、南至永定门，长达 8 公里的城市中轴线。城市的规划建设布局严整、规模宏伟。外城拱卫着内城，内城包着皇城，皇城包着紫禁城，充分体现了"皇权至上，唯我独尊"的规划思想。清代建都北京后，保持原有城池、宫殿、坛庙，在园林建设上取得突出成就。辛亥革命结束了清王朝的帝制，建立了中华民国。民国前期的首都仍定在北京，1928 年首都南迁，北京改称北平。

1937 年北平沦入日军之手，改北平为北京。随着日军侵华战线的南移，北京人口激增，日本侵略者从军事、经济利益出发，提出编制北京都市计划。日本人将北京的城市性质定为"政治、军事中心，特殊之观光城市，可视为商业都市"；把城市规模定为 20 年内人口从 150 万人增至 250 万人；规划范围以正阳门为中心，东、西、北半径各 30 公里，南 20 公里；城市布局分为旧城区、西郊新街市、东郊新街市和通县工业区，新旧市区间用绿化带隔开。从 1939 年至 1945 年日本侵略者投降，主要在西郊新街市和东郊新街市进行了一些建设，旧城区基本未动。1945 年日本投降后，北平市政府针对市政建设存在的问题，着手修订北平都市计划大纲。《大纲》提出城市性质定为"将来中国之首都""观光都市"；城市规模包括通州现有人口 180 万人，规划将来达 300 万人；城市范围以正阳门为中心，半径约 20 至 30 公里；城市布局"以西郊新市区作为行政中心"。

1949 年 1 月 31 日北平和平解放。9 月 27 日，中国人民政治协商会议第一届全体会议通过决议：定都北平，改北平为北京，从此古都北京揭开了历史发展的新纪元。

在城市的发展上，北京市先后制定了一系列规划。

1953年，北京制定了第一个城市发展规划——《改建与扩建北京市规划草案的要点》，上报中共中央；1957年，在苏联专家组的协助下，制定了《北京城市建设总体规划初步方案》。

1958年市委根据新的形势，对1957年方案做了修改，扩大了市域范围，压缩了市区规模，扩大了地区卫星镇的规模。"文化大革命"期间，国家建委于1967年下令暂停执行北京总体规划，使北京建设处于无规划指导的混乱状态。

1980年，中共中央书记处在听取了北京城市建设发展的汇报后，做了四项指示，对首都的性质、功能、作用和发展方向提出明确要求，北京市于1982年制定《北京城市建设总体规划方案》。1983年，经中共中央、国务院原则批准，付诸实施，并决定成立首都规划建设委员会，负责审定实施北京城市建设近期计划和年度计划，组织制定城市建设和管理法规，协调解决各方面的关系。这一方案具有拨乱反正的作用，一方面继承了20世纪50年代编制的城市总体规划的主要思想，又总结了60年代和"文化大革命"中的诸多教训，比较全面地明确了首都发展方向，从而使首都建设转入正轨。

1992年，为了适应建立社会主义市场经济体制后经济高速发展的新形势，北京市人民政府又组织编制完成了《北京城市总体规划（1991年—2010年）》，制定了首都跨世纪的发展战略。

1993 年 10 月，国务院正式批准了这个总体规划方案。

随着经济的发展，北京进入了新的重要的发展阶段，北京市编制了《北京城市总体规划（2004 年—2020 年）》。2005 年 1 月 12 日，国务院总理温家宝主持召开国务院常务会议，讨论并原则通过了此规划。

党的十八大以来，为全面贯彻落实习近平总书记视察北京重要讲话精神，系统谋划和回答新时期"建设一个什么样的首都，怎样建设首都"这一重大课题，依据国家有关法律法规和政策文件，北京市组织编制了《北京城市总体规划（2016 年—2035 年）》。2017 年 9 月 13 日，获中共中央、国务院批准。

二

古代北京城市建设，为近现代北京的城市规划奠定了一定的基础。历史上的北京具有布局严谨、中轴明显、整齐对称、雄伟庄严的城市特点，有大量丰富多彩的文物、古建筑和具有东方代表性的古典园林。

中华人民共和国成立后，北京的城市功能定位和建设经历了不断认识的历程，更多的是通过对城市的规划编制体现出来的。

1. 不同历史时期城市性质的发展与变化

20 世纪 80 年代以前，历次总体规划除了明确首都是全国的政治中心和文化中心外，都把发展工业放在突出地位。1949 年，提出了首都应该是一个大工业城市；1953 年，提出了首都应该是经济中心和强大的工业基地；1954 年，又进一步认为北京工业建设的速度不应该过迟或过慢；到了 1957 年，进一步强调应该把北京迅速建设成为一个现代化的工业基地；1958 年，提出了争取在五年内把北京建设成为现代化工业基地的口号，认为城市建设要为加速首都工业化、公社工业化、农业工厂化服务。经过 1957 年至 1960 年的工业大发展，把首都建成一个大工业城市的设想变成现实，初步建成了门类比较齐全的工业基地，实现了变消费城市为生产城市的目标。

但是，随着工业的发展，特别是重化工业的发展比重过大，对城市环境的污染日趋严重；由于片面强调"先生产、后生活"，造成生产用房建设过快，生活用房和市政基础设施严重滞后，"骨头与肉"不配套，给城市发展和居民生活带来严重困难。特别是经历"文化大革命"的 10 年，城市建设几乎处于停滞状态。

1980 年 4 月，中央书记处听取了北京建设的汇报，对首都建设的方向做了重要指示，提出：北京是全国的政治中心，是我国进行国际交往的中心。要求把北京建成：

（1）全国、全世界社会秩序、社会治安、社会风气和道德风尚最好的城市。

（2）全国环境最清洁、最卫生、最优美的第一流城市，也是世界上比较好的城市。

（3）全国科学、文化、技术最发达，教育程度最高的第一流城市，并且在世界上也是文化最发达的城市之一。

（4）同时还要做到经济不断繁荣，人民生活方便、安定。经济建设要适合首都特点，重工业基本不再发展。

1982 年编制了《北京城市建设总体规划方案》，中共中央、国务院在批复中指出：北京是我们伟大社会主义祖国的首都，是全国的政治中心和文化中心。北京的城市建设和各项事业的发展，都必须服从和充分体现这一城市性质的要求。

1992 年，北京市政府又对城市总体规划进行了修订，对城市性质做了以下定位，即"北京是伟大社会主义中国的首都，是全国的政治中心和文化中心，是世界著名古都和现代国际城市"。这次总体规划除了在城市性质上体现了对外开放建设国际城市，进一步提升历史文化名城的地位外，还提出了发展适合首都特点的经济；实现把城市建设的重点逐步从市区向广大郊区转移，市区建设从外延扩展向调整改造转移的两个战略转移的方针；把历史文化名城的保护纳入城市总体规划；把城市基础设施和城市环境建设列入首都建设的首位，并提出了加强立法，增加城市规划的透明度，实行土地有偿使用，基础设施产业化经营等一系列实施规划的措施。

1993 年 10 月，国务院批准了修订后的《北京城市总体规划》，指出："这个《总体规划》贯彻了 1983 年《中共中央、国务院关于〈北京城市建设总体规划方案〉的批复》的基本思路，符合党的十四大精神和北京的具体情况，对首都今后的建设和发展具有指导作用，望认真组织实施。"

2005 年，国务院批准的《北京城市总体规划（2004 年—2020 年）》把北京定位为"中华人民共和国的首都，是全国的政治中心、文化中心，是世界著名古都和现代国际城市"。

2017 年，国务院对《北京城市总体规划（2016 年—2035 年）》做出批复，明确指出，"北京是中华人民共和国的首都，是全国政治中心、文化中心、国际交往中心、科技创新中心"。

2. 城市规模的发展与控制

随着城市建设的发展，对城市规模的认识也在发生变化，北京的历次总体规划都将城市规模作为一个重要问题提出来，或大或小都有过论述。

在 20 世纪 50 年代初，北京百废待兴。规划的主导思想是城市要大发展。但当时北京市区规模究竟会发展多大，只是从中国这样一个大国的首都，还要发展大工业，人口规模不可能太小的概念出发，参考了国外一些国家首都的规模和用地水平，结合北京市区发展的用地可能，于 1953 年提出了一个粗略的估计，即到 20 世纪末，市区人口可能发展到 500 万人。1958 年出现了工业大发展的形势，北京辖区的范围又逐步扩大到 1.64 万平方公里，因此在 1958 年 6 月，提出了在 50 年左右市区城市人口控制在500 万到 600 万，地区总人口估计达到 1000 万。1959 年 9 月人民公社化运动中，总体规划曾把市区规划人口压缩到 350 万，提出了分散集团式的布局构想，把市区分隔成几十个集团，中间为绿化用地，要求旧城区有 40％的绿地，郊区有 60％的绿地，其余的人口分布在广大远郊地区。但是，这个规划未能达到预期的目标，在 1982 年修订城市总体规划时市区人口已突破 400 万，虽然 1982 年修订总体规划时，中央书记处曾指示：今后北京市人口任何时候不得超过 1000 万，但是，当时估计很难实现这个限制，因而提出在 20 世纪末，地区总人口控制在 1000 万左右，留下余地。中共中央和国务院对《北京城市建设总体规划方案》的批复认可了这个提法，同时强调要"采取有力的行政、经济和立法的措施，严格控制城市人口规模"。

随着在改革开放形势下城市发展速度的加快，暂住人口的迅速增加，当 1992 年修订城市总体规划时又面临跨世纪的历史时期，因而提出了对人口有控制、有引导的发展方针，预计到 2010 年城市户籍人口达到 1250 万人，暂住人口 250 万人，城市总人口达到 1500 万人。国务院在对《北京城市总体规划》的批复中同意总体规划提出的 2010 年的人口和用地的控制指标，同时强调严格控制人口和用地发展规模的方针。

2005 年北京城市总体规划在城市空间布局上提出构建"两轴—两带—多中心"的城市空间结构。两轴：指沿长安街的东西轴和传统中轴线的南北轴。两带：指包括通州、顺义、亦庄、怀柔、密云、平谷的"东部发展带"和包括大兴、房山、昌平、延庆、门头沟的"西部发展带"。多中心：指在市域范围内建设多个服务全国、面向世界的城市职能中心，提高城市的核心功能和综合竞争力，包括中关村高科技园区核心区、奥林匹克中心区、中央商务区 (CBD)、海淀山后地区科技创新中心、顺义现代制造业基地、通州综合服务中心、亦庄高新技术产业发展中心和石景山综合服务中心等。在北京市总人口规模规划控制在 1800 万人左右，年均增长率控制在 1.4% 以内。其中，户籍人口 1350 万人左右，居住半年以上外来人口 450 万人左右。

3. 紧密对接"两个一百年"的规划

2017 年《北京城市总体规划（2016 年—2035 年）》确定北京的战略定位是 4 个"中心"，即政治中心、文化中心、国际交往中心、科技创新中心。空间结构：一核一主一副、两轴多点一区。一核，即首都功能核心；一主即中心城区，包括东城区、西城区、朝阳区、海淀区、丰台区、石景山区；一副，即北京城市副中心，原通州新城规划建设区；两轴，即中轴线及其延长线，长安街及其延长线；多点，即 5 个位于平原地区的新城，包括顺义、大兴、亦庄、昌平、房山新城；一区，即生态涵养区，包括门头沟、平谷、怀柔、密云、延庆以及昌平和房山的山区。提出"严格控制城市规模。以资源环境承载能力为硬约束，切实减重、减负、减量发展，实施人口规模、建设规模双控，倒逼发展方式转变、产业结构转型升级、城市功能优化调整。到 2020 年，常住人口规模控制在 2300 万人以内，2020 年以后长期稳定在这一水平"。

中华人民共和国成立的几十年来，北京城市总建筑量不断增加，城市规模不断扩大，住宅建设量也不断增加，城市基础设施条件和环境状况有了很大改善。此外，为适应首都建设和改革开放形势发展的需要，多次编制长安街和天安门广场的详细规划，并编制了朝阳门外商务中心区、中关村科技园区等重点地区详细规划方案。

新的开篇，新的布局。2017 年《北京城市总体规划（2016 年—2035 年）》获批后，北京城市规划要在"《总体规划》的指导下，明确首都发展要义，坚持首善标准，着力优化提升首都功能，有序疏解非首都功能，做到服务保障能力与城市战略定位相适应，人口资源环境与城市战略定位相协调，城市布局与城市战略定位相一致，建设伟大社会主义祖国的首都、迈向中华民族伟大复兴的大国首都、国际一流的和谐宜居之都"。

北京城历史沿革

　　根据古文献记载："周武王之灭纣，封召公奭于北燕"（《史记·燕召公世家》），"武王追思先圣王，乃褒封帝尧之后于蓟"（《史记·周本纪》）。据此，史学界确认，西周初年，由武王始封的燕、蓟两个诸侯方国为北京历史上最早出现的行政建置和城邑政权，其所建之都城，应视为北京地区最早形成的城市。

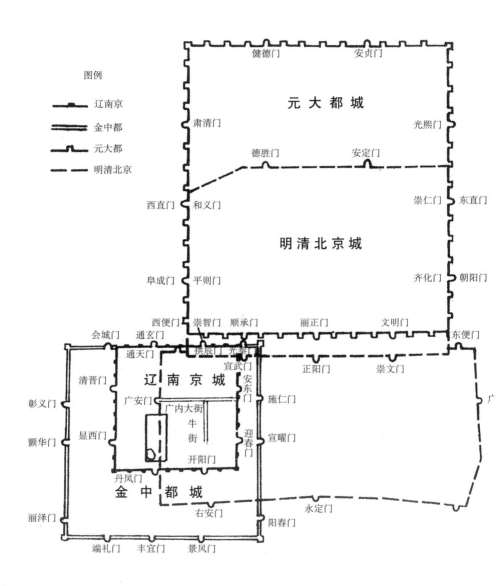

图例

辽南京
金中都
元大都
明清北京

元 大 都 城

健德门　安贞门

肃清门　光熙门

德胜门　安定门

西直门　和义门　崇仁门　东直门

明 清 北 京 城

阜成门　平则门　齐化门　朝阳门

西便门　崇智门　顺承门　丽正门　文明门　东便门

会城门　通玄门

通天门　拱辰门　光泰门

辽 南 京 城　宣武门　正阳门　崇文门

清晋门　安东门

彰义门　广安门　广内大街　施仁门　广

牛
街

颢华门　显西门　迎春门　宣曜门

开阳门

丹凤门

金 中 都 城

丽泽门　右安门　阳春门　永定门

端礼门　丰宜门　景风门

北京旧城城址变迁图

建城考

经考古挖掘证明,燕城在现房山区琉璃河镇的洄城、刘李店、董家林一带。蓟城的具体位置,至今尚无定论。从已掌握的资料来看,蓟城就在今北京外城西北部,战国时期人们称为蓟丘

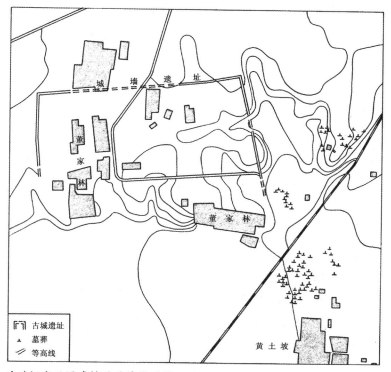

琉璃河商西周遗址及墓葬位置图

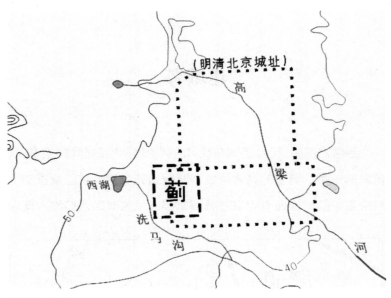

蓟城位置图

的地方。

西周时期，燕国和蓟国是北方的两个诸侯国。随着燕国势力的不断增强，到了战国时期，燕国吞并了蓟国，并出于躲避洪水和交通条件考虑，把国都逐步从西南向东北迁移。

秦灭燕后，于秦王政二十一年（公元前226年）设广阳郡治。秦始皇三十四年（公元前213年），在秦、燕、赵长城基础上连接、新筑秦长城。秦始皇二十七年至二十八年（公元前220年至前219年），修筑咸阳至北京并向东经遵化、山海关至辽东半岛，向东北经古北口通承德，向西北经居庸关至怀来、宣化的4条驰道，构成了北京地区对外交通的基础，一直沿用到后世。

西汉时，北京地区在高祖时期称燕国，在昭帝时期称广阳郡、广阳国，国都、郡治均设在蓟城。东汉时，蓟城为广阳郡及幽州治所。曹魏时期蓟城仍属幽州，明帝曹睿封其叔父曹宇为燕王，改称燕国，治所在蓟城。

魏晋南北朝时期，长期战乱不息，蓟城多次易主，但仍沿旧制，城市无大变化。

隋文帝统一中国后，北京地区通称幽州，隋炀帝改称涿郡。大业元年至五年（605—609年），在幽州修筑西起榆林、东至涿郡长3000里的驰道，开凿永济渠，引沁水通黄河，完成了从幽州南通杭州的大运河，使其与中原、江南联系起来，并发展成军事重镇。

唐贞观元年（627年），幽州属河北道，治所蓟城，蓟城为北方军事重镇、贸易中心。

五代时期，幽州先后为后梁、后唐、后晋等五朝统治。后晋高祖石敬瑭为取得北方少数民族契丹的支持，于辽太宗天显十一年（937年）将燕云十六州割让给契丹太宗耶律德光，于是幽州被契丹占据。

从史料看，自秦灭燕始，北京城址均在今莲花池至广安门内外。该处水源充足，地势较高，既能躲避洪水，交通又方便，且地域广阔，因此自辽、金始，这里就成为几个朝代的都城。

辽南京

契丹统治者在吞并燕云十六州后不久，改国号为辽，建都临潢府（今内蒙古巴林左旗）。

辽太宗会同元年（938 年）在幽州城建立陪都，改称南京，置幽都府。由于新都城在辽统治疆域的南部，故命名为南京。辽

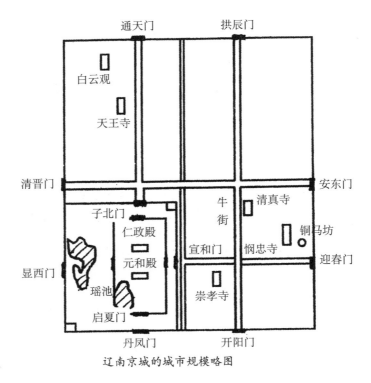

辽南京城的城市规模略图

圣宗开泰元年（1012年）改称燕京，更幽都府为析津府，直辖11县，其中7县在今北京辖区内。

经考证，辽南京城周长约27里，东至法源寺东，南至右安门，西至白石桥东，北至白云观北，每侧各2门，共8门。城内道路为方格网，主要街道有6条，设26坊。皇城在南京城西南隅，方圆5里，西墙和南墙利用了外城的西墙和南墙的一段，皇城东北隅之燕角楼即今南线阁胡同。城区的北部为商业贸易中心，汇集了来自各地的货物和产品。南京城不仅与中原地区保持密切的经济、文化联系，而且同西域、西夏、蒙古等地也有不少商业往来。城外郊区为乡里建制。城中及郊区寺庙甚多，延续至今的有悯忠寺（今法源寺）、天王寺（今天宁寺）、慧聚寺（今戒台寺）、慈悲庵（在陶然亭公园内）、清水院（今大兴寺）。

牛街礼拜寺始建于辽统和十三年（995年），是北京至今规模最大、历史最久的清真寺。在今北海和西山还分别兴建了瑶屿行宫和玉泉行宫。辽南京极盛时人口约30万。

牛街礼拜寺

金中都

　　辽代末年，女真族在长白山、黑龙江一带兴起，建立金国。金天会元年（1123年），宋金联盟攻克燕京，宋金协议将燕京归宋，北宋在燕京建立燕山府。天会三年（1125年），金毁约，攻克燕山府，改燕京为南京。天德元年（1149年），完颜亮弑金熙宗而即帝位。

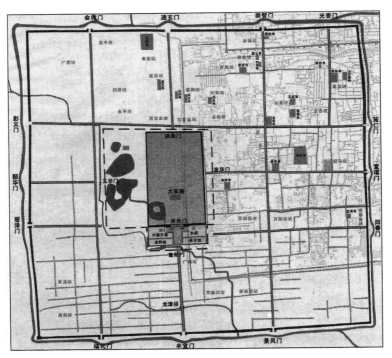

金中都城

天德三年（1151年），颁布《议迁都燕京诏》并派遣张浩、孔彦舟等人负责规划建设南京。整个工程分为城池的扩建与宫殿的兴修两大部分。贞元元年（1153年），宫城竣工，正式迁都，改南京为中都，改析津府为大兴府。北京开始成为中国北方的政治中心。

金中都在辽南京城基础上向东、西、南三面拓展，北城墙未动。其西城墙在今军事博物馆南羊坊店、马连道、凤凰咀一带，南城墙自凤凰咀往东至万泉寺、祖家庄、菜户营，东城墙自四路通（今永定门火车站南）往北至南北柳巷、宣武门内翠花街，周长37里。至今，凤凰咀等地城墙遗址还约略可见。1990年10月，建设右安门外玉林小区时发现金中都南城垣水关，决定永久保护，并在此兴建了辽金城垣博物馆（1995年4月23日正式对外开放）。

金中都水关示意图

中都城布局采取外城、内城、宫城重重相套的形式。皇城依辽皇城旧址扩建，在中都城中心偏西南。据《大金国志》载："城之四围凡九里三十步。"宫城位于皇城内中央偏北，中路为金宫中轴，西路为御花园、鱼藻池（现青年湖）、西苑，北为妃嫔住所，东路为太子、皇后的寝宫和内省政务机构，其城池、宫殿尽力模

金中都遗址

仿北宋汴梁城建筑。

中都仿唐长安城旧制，设两县分治。东为大兴，有 20 坊；西为宛平，有 42 坊。全城有 13 个城门，东、南、西城墙各 3 门，北城墙设 4 门。城内有南北大街 6 条，东西干道 3 条。

金中都年需粮数百万石，必须靠水运。金统治者征调华北平原的粮食，经卫河、子牙河、大清河、滏阳河、滹沱河汇集海河，经白河转潞水逆流而上至通州，中都至通州开凿 50 里人工运河。

中都内外还修建了许多园林、坛庙，著名的有同乐园（鱼藻池）、大宁宫（北海琼华岛）、方宁宫（中海）。金代所建 11 孔卢沟桥成为北京历史的标志之一。

元大都

13世纪初，北方草原蒙古族兴起，蒙古成吉思汗在即位第十年时（金贞祐三年，1215年）攻陷金中都，宫殿、城池多被焚毁。元代称金中都旧城为"南城"。直至元末，南城仍有众多居民。至明代嘉靖年间修建北京外城城垣，中都故城湮没殆尽。

成吉思汗破中都后，改中都为燕京路，设大兴府，归蒙古族断事官统治。忽必烈即位后，至元元年（1264年）迁都燕京，下诏以燕京为中都。3年后，又决定放弃位于莲花池水系的旧城址，而在其东北郊外重建新城。新城的城址以金代离宫——大宁宫附近一片湖泊（即今日的中海和北海）为设计中心，此处属于高梁河水系。至元八年（1271年），正式改国号为"元"，命名新城为大都。至元十三年（1276年），大都城建成，元统治者将在金中都旧址的衙署和店铺迁入大都。至元二十年（1283年），城内建设已初具规模。

大都城是按《周礼·考工记》规制建设的完备的封建都城，它的建设奠定了北京旧城的基础。《元史·地理志》记载："城方六十里，十一门。"平面略作长方形，经实测北城垣长6.73公里，东西城垣长7.6公里，南城垣长6.68公里，周长28.61公里。四周辟城门11座，东、西、南三面各设3门，北面设2门。南城

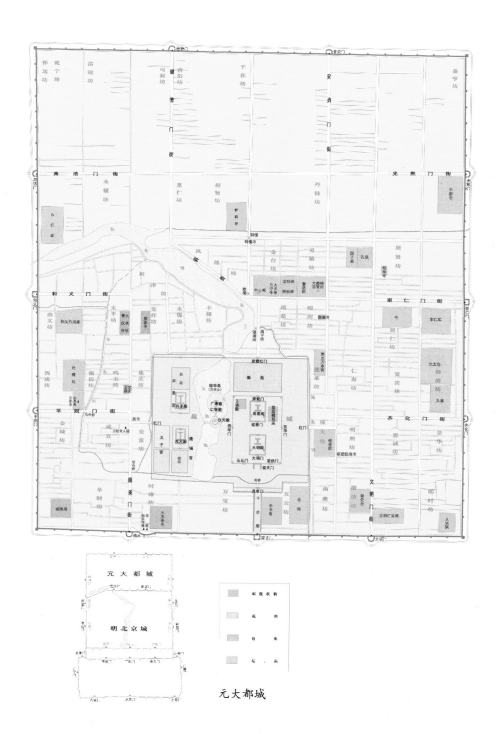

元大都城

墙修建时为躲双塔庆寿寺，城墙在该处向南退 30 步，至今长安街不是一条直线的原因就在于此。现北土城即元大都城墙遗址。

大都城城址的勘定和宫城的规划，主要出于元初宰相刘秉忠等人之手。城市布局经过周密规划设计，全城规划整齐，井然有序。皇城位于全城南部中央地区。经勘察，它的东墙在今南北河沿西侧，南端在今东、西华门以南，西墙在今西皇城根，北墙在今地安门南。南墙正中是棂星门（今午门处），南边就是大都城的丽正门（明朝改称正阳门）。皇城内，以太液池（今北海、中海）为中心，东部为宫城，西部为隆福、兴圣二宫。宫城呈长方形，其宽度与现故宫紫禁城相近，南部入口为崇天门（今太和殿附近），北部入口为厚载门（今景山公园少年宫前），西北部琼华岛在元代称万寿山，与隆福、兴圣二宫组成宫苑区。从丽正门经棂星门、崇天门穿过皇宫出厚载门至中心阁，为元大都中轴线，从此奠定北京旧城中轴线的位置。中心阁西为齐政楼、更鼓谯楼，楼之北为钟楼。

大都的街道纵横竖直，相互交错，相对的城门之间有相互贯通的宽广平直大道。街道分大街、小街、胡同三级，规定大街宽 24 步（约 25 米），小街宽 12 步（12.5 米），胡同宽 6 步（6~7 米）。胡同的间距约 70 米，胡同之间为宅基，初步奠定了四合院住宅与胡同组成街坊的规制。

至今，东四北和鼓楼东部的南、北锣鼓巷一带仍为元时街巷遗存。城内除皇城外划分为 50 坊，人口数十万，是当时世界最大的城市。意大利人马可·波罗于至元十二年（1275 年）来到大都城，他在游记中写道："全城中划地为方形，画线整齐，建筑房舍。每方足以建筑大屋，连同庭院园囿而有余。……方地周围皆是美丽道路，行人由斯往来。全城地面规划有如棋盘，其美善之极，未可言宣。"

元代对各种宗教兼容并蓄，大都城内出现许多宗教建筑，佛教居多，道观次之，还有伊斯兰教礼拜寺和基督教堂等。元代创建与重修的寺观主要有双塔庆寿寺（原西长安街电报大楼南）、

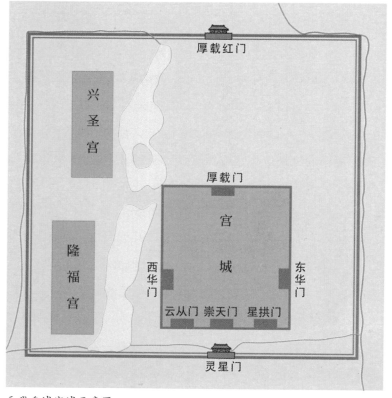

元代皇城宫城示意图

大圣寿万安寺（今阜成门内妙应寺白塔），此外还有大崇国寺、大护国仁卫寺、圆恩寺、千佛寺、玉虚观、城隍庙、舜帝庙等。

元大都水系有两类，一为漕运，一为宫苑用水。水利规划由郭守敬主持。至元二十八年（1291 年），郭守敬深入考察西北山区水源与地形条件，设计了将昌平白浮泉引入元大都的方案，修筑长 50 余里的白浮堰，引泉水西行沿西山山麓向南汇入瓮山泊（今昆明湖），然后经高粱河入积水潭，再向南入通惠河。运河共有两条，均从通州开始，一条是通惠河，经庆丰闸（二闸）到大通桥南的文明门（明朝改称崇文门），往西沿皇城北上绕地安门外万宁桥（即后门桥）入积水潭；另一条运河从通州往北上溯温榆河，向西折入坝河进光熙门。坝河漕运在元代占运粮总量的三分之二以上，今东直门外东坝村还有当年河床遗迹。宫苑用水则引自玉泉山，经和义门（明朝改称西直门）南水关入城。

大都城排水系统相当完整，均有青石砌筑，顶部盖条石或砖起券，做法与《营造法式》相吻合。

大都还建立了"站赤"和"急递铺"等通信系统，保证与全国各地的通信。

明、清北京城

洪武元年（1368 年），明王朝开始统治全国，定都南京，改大都为北平府。

明初改造大都城时将北部城垣南缩 5 里，废健德、安贞、肃清、光熙 4 门。改建的北城墙对着健德、安贞两门分别开辟德胜、安定两门，并将东城墙的崇仁门改名为东直门，西城墙的和义门改名为西直门。

洪武三年（1370 年），朱元璋封第四子朱棣为燕王，驻北平府。

永乐元年（1403 年），朱棣夺取皇位，改北平府为北京。永乐四年（1406 年），朱棣下诏营建宫阙城池，永乐十八年（1420 年）建成，明王朝正式迁都北京。

明正统元年（1436 年），开始修建 9 个城门的城楼，4 年完成，将丽正门改为正阳门，文明门改为崇文门，顺承门改为宣武门，齐化门改为朝阳门，平则门改为阜成门，德胜、安定二门仍旧。

明嘉靖年间，为防蒙古骑兵南下侵扰，开始兴建外城。原计划除利用元大都北城墙外，东、西、南三面皆向外扩展，但因工程浩大，财力不济，只筑成南面的外城，即与内城抱接，形成了"凸"字形轮廓。工程于嘉靖三十三年（1554 年）三月动工，同年十月完工。

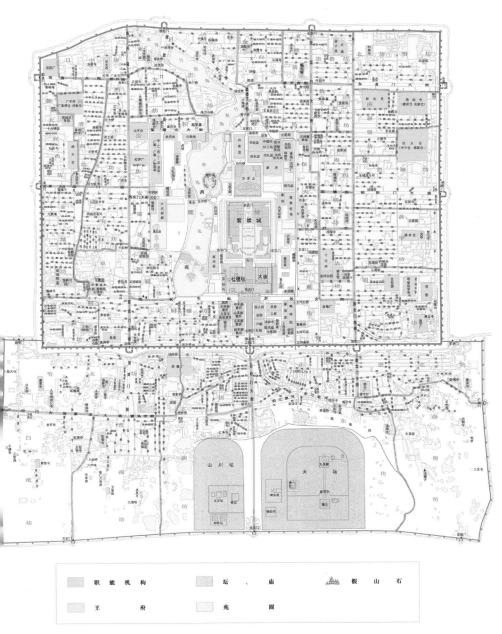

职能机构　　　坛、庙　　　假山石

王府　　　苑囿

明北京城

嘉靖四十三年（1564 年）正月，又增筑外城永定门等 7 个城门的瓮城。

明北京城的营建结合地理条件，紧傍积水潭东岸，更加强化了全城的中轴线，并利用原有湖泊的上游及其向东引水的漕渠作为护城河，修建了今德胜门一线的北城墙。

随着大都城南墙的南移、外城的修建，新城的几何中心由元大都的中心阁转移到明北京城万岁山的位置，形成了明北京城独特的"凸"字形轮廓。

明皇城在元皇城基础上向南扩展，增挖南海，营建西苑。皇城周长 20 里，有 4 门，正南为天安门，北为地安门，东、西分别称东安门、西安门。天安门南为丁字形广场，正南为大明门，东、西为东、西长安门（今称东、西三座门）。

皇城之中有禁城，称紫禁城，为皇宫重地，周长 7 里。南为午门，北为神武门，东、西各设东华门、西华门。皇宫的规划和大小基本承袭明中都（凤阳）和南京的宫城修建。鉴于南城墙南移，皇城扩大，遂将元代太庙移至紫禁城南门外左侧，社稷坛列在右侧，使左祖右社格局更加完整；并在紫禁城北挖筒子河土堆景山，风水认定故宫北部是玄武位，必须有山，作为大内的"镇山"。又于故宫北延长线上，在元鼓楼旧址偏东处重建鼓楼，于元中心阁位置建钟楼。随着嘉靖年间永定门建成，形成流传于今的北起钟鼓楼，南至永定门的 7.8 公里的城市中轴线。

明代北京城的坛庙建筑主要有：永乐九年（1411 年），在元代孔庙旧址重建大成殿，国子监仍沿用元之旧址，保留"左庙右学"

传统规制；永乐十八年（1420年），在正阳门外仿南京形制建天地坛（今天坛）和先农坛；嘉靖九年（1530年），在安定门外建方泽坛（今地坛），朝阳门外建朝日坛（今日坛），阜成门外建夕月坛（今月坛）；嘉靖十三年（1534年），建皇史宬（皇家档案库）。

永乐五年（1407年），徐皇后病逝，朱棣开始考虑营建陵墓，陵址选在昌平天寿山。永乐七年（1409年），开始营建长陵。永乐十一年（1413年）建成，此后陆续添建，共有明帝陵13座。北京城南20里的南海子（今南苑），为元、明、清三代帝王游猎处。明正统年间，扩建了南海子，修筑桥道、围墙，辟成4门，修建了庑殿行宫。

清建都北京后，沿用明代旧城，总体布局没有改变，街道系统大体如旧。旧有城池、宫殿、坛庙，不仅完整保留，而且200多年间不断进行修缮、扩建、改建，现存的北京古建筑多为清代重建。

清代分内城为东、西、南、北、中5城，外城划8坊。清初，内城一度只准满族旗人居住，属八旗管辖，而外城主要由汉族居住，内城的汉官商民皆徙居外城。以后这一做法逐渐废弛。

此外，清代还大量修建王府，现存的王府大多为清代遗存。

光绪二十六年（1900年）庚子之乱后，清政府签订了丧权辱国的《辛丑条约》，并于光绪三十年（1904年）划定北京公使馆区，其范围东起崇文门大街，西至兵部街，南起城根，北至东长安街，界内居民、衙署一律迁出，俨然成为"国中之国"。

清代修建宗教建筑之风很盛，修建的密宗庙主要有雍和宫、

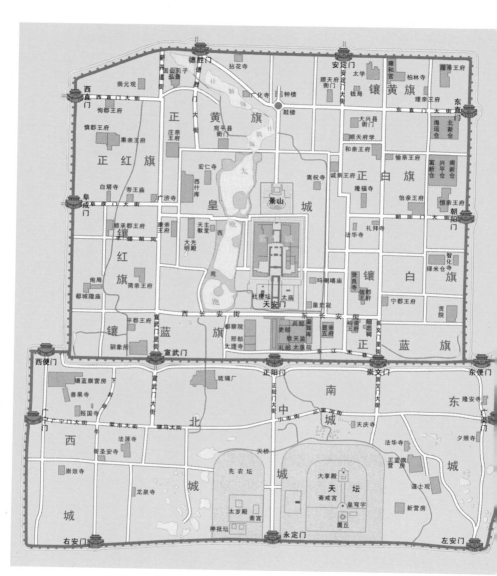

清北京城示意图

双黄寺、福佑寺、永安寺及白塔（今北海白塔）、宗镜大昭之庙（今昭庙，在香山公园中）。此外还有嵩祝寺、资福寺、后黑寺以及前黑寺、普度寺、普胜寺、弘仁寺等多处寺庙。伊斯兰教建筑60余处，著名的有牛街礼拜寺、东四清真寺、锦什坊街普寿寺。天主教堂除明万历年间建的南堂（位于宣武门北口）外，又建了北堂（位于西什库）、西堂（位于西直门内）、东堂（位于王府井）等。康熙年间，在东北城角修建东正教俄国教堂（现俄罗斯使馆处）。雍正年间，在现今东交民巷建另一座东正教堂——圣玛利亚教堂。

清代建有会馆400余处，多集中于前三门外，大体分为举子应试、官员居所、商务行业聚会等类会馆。

清初造园极盛。顺治、康熙、雍正年间建西苑（北海、中南海）、南苑、畅春园、圆明园、静明园、静宜园及承德避暑山庄。乾隆时又建长春园、绮春园、清漪园、乐善园等，以后还有所扩建增建。咸丰十年（1860年），英法联军入侵北京烧毁了圆明园等3园。光绪十四年（1888年），慈禧动用海军军费修复清漪园，易名颐和园，历时7年建成。

清末，北京始有铁路进城。光绪庚子年间，东有京秦铁路，通过永定门东辟缺口至前门设东站；西有京汉铁路，于西便门辟缺口设西站；京通铁路于东便门辟缺口，设客车厂。

同治五年（1866年），总税务司署设邮务办事处，办理邮递事务。光绪四年(1878年)，北京设送信官局。光绪二十三年(1897年)，大清邮政局成立。

光绪十四年（1888年），清政府在西苑建设发电厂。光绪

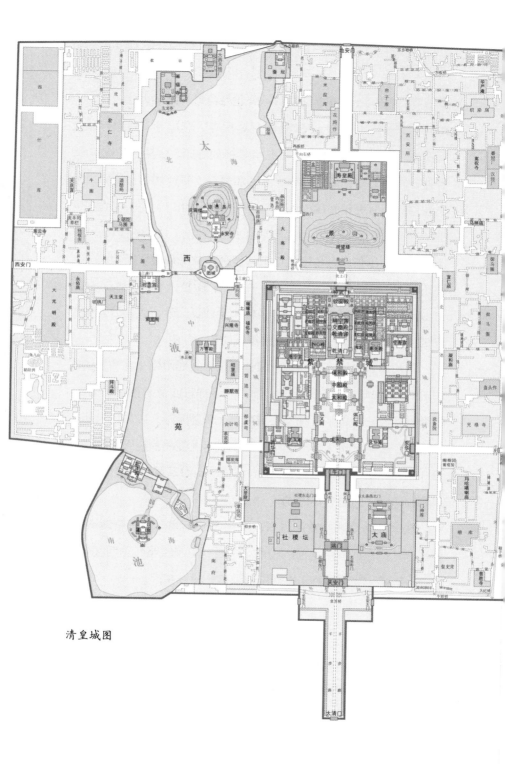

清皇城图

十五年（1889 年），正式发电照明。

光绪二十九年（1903 年），清政府在帅府园安装磁石人工交换机。翌年，东单二条电话局开业，下设 4 个分局。

光绪三十四年（1908 年），京师自来水有限公司创立，建孙河水厂和东直门水厂，宣统二年（1910 年）三月供水。

民国京都、北平及日伪时期的北京

1914 年 7 月，北京设京都市政公所，"成立之初，市政草创，措施极简，惟于开放旧京宫苑为公园游览之区，兴建道路，修整城垣等，不顾当时物议，毅然为之，且规定市经费来源，测绘市区，改良卫生，提倡产业等，均有所倡导"。"民国七年（1918 年）一月，正式定名'京都市'，改制设官，始是市府之雏形。"

1928 年 7 月，北平市政府正式成立，下设土地、工务、公用等八局。自 1933 年 7 月至 1935 年 11 月，各项设施渐入正轨，尤以创办公共汽车，实施文物整理工程，修建道路，力倡卫生事业，最是称道。1935 年，华北政局渐见不稳，当局苦于支撑残局，在市政方面无所作为。

日本侵占北京与华北后，随着战线南移，北京人口激增。1938 年提出《北京都市计划大纲草案》，1941 年开始按照大纲实施：

西郊新街市，距城墙 4
公里，西至八宝山，南至京
汉路，北至西郊机场，方圆
65 平方公里。第一期计划
面积 14.7 平方公里，放租
土地约 6 平方公里，建成房
屋 581 幢，用地 86.2 公顷，
建筑面积 6.7 万平方米。修
土路 67 公里，沥青、水泥
路 8.7 公里，石碴路 3.6 公里。
东西、南北两干线贯通全区。
东西的复兴大路全长 4.7 公
里，宽 80 米，路面北为石
碴路，南为沥青混凝土路，
各宽 6 米，中间为绿化带。
南北的中央公路(兴亚大路，
即现在的五棵松路)全长 2.8
公里，宽 100 米，卵石路
面宽 4 米。建成深 30~40
米的自流井 3 眼，净水厂 3
处，日供水量 2300 吨。敷
设自来水管 20 公里，修沟、
渠、污水管 14 公里，并建

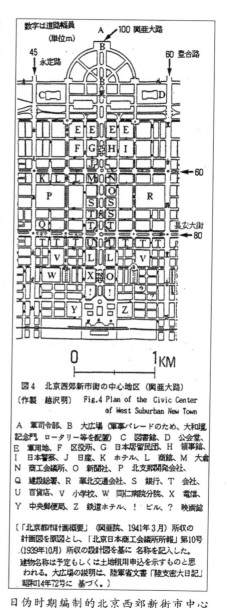

图 4　北京西郊新市街の中心地区 (興亜大路)
〔作製　越沢明〕　Fig.4 Plan of the Civic Center
of West Suburban New Town

A 軍司令部、B 大広場(軍事パレードのため、大和壇
記念門、ロータリー等を配置) C 図書館、D 公会堂、
E 軍用地、F 区役所、G 日本居留民団、H 領事館、
I 日本警察、J 日産、K ホテル、L 商館、M 大倉
N 商工会議所、O 新聞社、P 北支那開発会社、
Q 建設総署、R 華北交通会社、S 銀行、T 会社、
U 百貨店、V 小学校、W 同仁病院分院、X 電信、
Y 中央郵便局、Z 鉄道ホテル、! ビル、? 映画館

〔「北京都市計画概要」 (興亜院、1941年3月) 所収の
計画図を原図とし、「北京日本商工会議所所報」第10号
(1939年10月) 所収の設計図を基に 名称を記入した。
建物名称は予定もしくは土地租用申込を示すものと思
われる。大広場の説明は、陸軍省文書「陸支密大日記」
昭和14年72号に 基づく。〕

日伪时期编制的北京西郊新街市中心
地区规划图 (1941年)

医院、运动场、公园各 1 处，苗圃 3 处。

东郊新街市，距广渠门 1.5 公里至 3 公里。第一期建设面积 2.67 平方公里，四分之三土地已放租，建工厂 9 家。共有道路 3 条：第一条是建国门外东行道路，长 3.7 公里，仅成路形；第二条是广渠门外大街，长 3.1 公里；第三条是南北向西大望路，长 3.6 公里，北端与京通公路相接。区内共有土路 22 公里，其中铺碎石路 18 公里。

抗日战争胜利后，北平市政府详细调查了北平现状，检讨了沦陷期东、西新街市的建设，并以日伪编制的《北京都市计划大纲草案》为参考，于 1946 年改订了《北平都市计划大纲》方案。其城市布局及地域分区与日伪时期方案相比有两点改变：一是明确提出行政中心计划设于西郊新市区；二是取消日伪时期的忠灵塔与神社，在八宝山附近计划建天然动物园、高尔夫球场和国际运动场。该方案还调整了交通设施规划，拟建设高架铁路、高速铁路、路面电车线路、郊外电车线路，并计划修整运河、建设机场。这些规划都没有实施。

日伪时期西郊"新北京"

注：本图反映民国三十四年（1945）
北平市西郊工业区状况

中华人民共和国成立后的北京

1949 年 9 月，中国人民政治协商会议第一届全体会议决定定都北平，改北平为北京。

1950 年，为对城区集中领导，加强管理，继续对北京的区划进行调整，5 月 11 日，经市政府委员会第四次会议决定，并报政务院批准，依照交通道路走向，将内城 7 个区合并为 5 个区，外城 5 个区合并为 4 个区，按数字排列依次定名第一区至第九区，同时将西直门、阜成门、永定门、广安门等关厢地区划归邻近城区领导。8 月，将第十三区至第十七区依次改为第十区至第十四区，十九区、二十区分别改为第十五区、第十六区，原第十八区并入新第十五区。经过此次调整，北京区设改为 16 个区。其中城区为第一区至第九区，郊区为第十区至第十六区。

1952 年再次对北京行政区划进行调整。9 月经政务院华北行政委员会批准，将城区的 9 个区调整为 7 个区。即将内城的第五区分别划归第一、第二、第三、第四区管辖；原第九区分别划归第七、第八两区管辖。郊区的 7 个区调整为 6 个区，即将第十四区分别划归第十一、第十三两区管辖。新调整的区取消数字排列，改以地名为区名。调整的结果，第一区改称东单区，第二区改称西单区，第三区改称东四区，第四区改称西四区，第六区改称前门区,第七区改称崇文区,第八区改称宣武区,第十区改称东郊区,第十一区改称南苑区,第十二区改称丰台区,第十三区改称海淀区,第十五区改称石景山区,第十六区改称门头沟区。

为了给北京提供必要的发展空间与发展条件,20 世纪 50 年代以后,北京管辖的地域不断扩大,经中央人民政府批准,河北省的邻近县相继划归北京市。

1952 年 9 月,在区划合并的同时,考虑门头沟及其以西河北省所属矿区须进行统一管理,撤销宛平县,将河北省宛平县全部和房山县、良乡县的部分村庄划归北京市,其中北安河等 9 个村庄划归海淀区,其余地区则与门头沟区合并成立京西矿区。是年,全市共设 13 个区。

1955 年,将德胜门、安定门、东直门、朝阳门、东便门、广渠门等关厢地区分别划归西四区、东四区、东单区与崇文区管辖。

1956 年 2 月 24 日,将河北省昌平县划归北京市,更名昌平区。同时将通县所属金盏、孙河、上新堡、崔各庄、长店、前苇沟、北皋等 7 个乡划归北京市东郊区。是年,北京辖区达到 14 个。

1957 年 9 月,将河北省大兴县新建乡划归北京市。12 月,经国务院批准,将河北省顺义县中央机场场区和进场公路划归北京管辖。

北京行政区划变化最大的是 1958 年。3 月 7 日,将河北省的通县、顺义、大兴、良乡、房山等 5 个县和通州市划归北京市管辖。将通县与通州市合并改设通州区,房山县与良乡县合并改设周口店区，大兴县与南苑区合并改设大兴区，顺义县改为顺义区。

4月7日，撤销前门区，其地域分别划入崇文和宣武两区。

5月3日，将石景山区建置撤销，其地划归丰台区，将东郊区改为朝阳区，京西矿区改为门头沟区。

5月16日，将东单、东四两区合并，改称东城区；将西单、西四两区合并，改称西城区。同时将原属东单区的朝外、东便门关厢地区划归朝阳区。

10月20日，将河北省所属怀柔、密云、平谷、延庆四县划归北京市管辖。

经过上述调整后，北京市所辖建置共计13个区、4个县。13个区是：东城区、西城区、崇文区、宣武区、朝阳区、通州区、大兴区、丰台区、海淀区、门头沟区、顺义区、昌平区、周口店区。4个县是：怀柔县、密云县、平谷县、延庆县。至此，北京现今辖界始定。后北京的行政区划虽也有变动，但多为局部划调。

1960年1月7日，昌平、通州、顺义、大兴和周口店5个区改设为县，其中周口店区改为房山县，通州区改为通县。调整后，全市共有东城、西城、崇文、宣武、朝阳、海淀、丰台、门头沟等8个区；房山、大兴、顺义、平谷、密云、怀柔、昌平、延庆、通县等9个县。

1963年6月，为了加强对石景山地区的领导，减少各企业之间的行政事务负担，更好地促进该地区的工业生产发展，6月5日，经市人委第十次会议决定并报国务院批准，设立石景山办事处，行政级别为区级，受市人委直接领导。其中工业归石景山管理，农业归丰台管理。是年，北京市共有 8 个区、9 个县、1 个办事处。

1967 年 8 月 7 日，经北京市革命委员会批准，石景山办事处改称石景山区。是年，全市共有 9 个区、9 个县。

20 世纪 60 年代后期，东方红炼油厂建成后，规模日渐扩大，形成新的工业区，1974 年 8 月 1 日，经北京市革命委员会批准，决定设立北京市石油化工区办事处，行政级别区级。1980 年 10 月 20 日，经国务院批准，石油化工办事处撤销，改设燕山区。是年，全市共有 10 个区、9 个县。

改革开放后，北京市经济发展迅速，城乡建设大为加快，城市中心区面积日渐扩大，郊区县的经济发展与北京的关系更加紧密，郊区城镇建设速度十分迅速，城市化水平不断提高，部分郊区县已逐渐发展为北京的卫星城。为了优化、调整地区社会经济结构，促进北京市区与各郊区县经济的快速发展，根据各郊区县的发展情况，经国务院批准，陆续实行撤县设区。1986 年 11 月，燕山区与房山县合并，成立房山区。1997 年 4 月，通县改为通州区。1998 年 3 月，顺义县撤销，改设顺义区。1999 年 6 月，昌平县撤销，改设昌平区。是年，北京共有东城、西城、崇文、宣武、朝阳、海淀、丰台、石景山、门头沟、房山、昌平、顺义、通州等 13 个区，大兴、平谷、怀柔、密云、延庆等 5 个县。

2001 年 1 月，大兴县改区；2002 年 4 月 17 日，怀柔区撤县改区。4月18日，平谷区撤县改区。

2010年7月，撤销东城区、崇文区，合并设立新的东城区；撤销西城区、宣武区，合并设立新的西城区。北京市辖14个区、2个县，即东城区、西城区、朝阳区、丰台区、海淀区、石景山区、门头沟区、房山区、通州区、顺义区、昌平区和大兴县、怀柔区、平谷区和密云县、延庆县。

2015年11月17日，撤销密云县、延庆县，设立密云区、延庆区。至此，北京市辖东城、西城、朝阳、海淀、丰台、石景山、门头沟、昌平、通州、顺义、房山、大兴、怀柔、平谷、密云、延庆16个区。

中华人民共和国成立后北京城区扩展

	1949年以前
	1950—1975年
	1976—1990年
	截至2006年年底
	2000年以来新建和扩建的 主要大街和主要公路

城市总体规划

　　现已证实，早在3000多年前的西周初年，"燕"的都城就在北京琉璃河附近，"蓟"在今广安门附近。以后,蓟被燕所替。从发掘的实物考证，唐代幽州城、辽代南京城、金代中都城就在现在的北京城西南广安门一带。今天的北京旧城范围始建于元代，改建于明清，沿用到民国。

　　明代北京城是在元大都的基础上改建的。它结合地理条件，紧傍积水潭东岸，更加强化了全城的中轴线，并利用原有湖泊上游及向东引水的漕渠作为北城墙的护城河。同时将元大都南城墙往南移，延长了南北中轴线，形成了明北京城独特的"凸"字形轮廓。清代沿用明代旧城，总体布局和街道系统大体如旧。原有城池、宫殿、坛庙得以完整保留，并进行了多次修缮、扩建、改建。现存的北京古建筑大多为清代重建。

　　1928 年，北京改称北平。1937 年日本军队侵入北平后，改北平为北京。同时，把北京定为政治、军事中心、特殊观光城市，准备把行政中心定在西郊，开辟西郊新街市，并于 1941 年开始实施，但计划只实施了一小部分。1945 年日本无条件投降，民国政府又将北京改为北平。到 1949 年北平解放前，民国时期北平只编制了一些规划，没有进行过重大建设。

　　1949 年 1 月 31 日，北平和平解放。2 月 2 日，北平军事管制委员会、人民政府入城办公。2 月 3 日，举行入城仪式。5 月 22 日即成立了都市计划委员会，由第一任市长叶剑英亲自担任主任委员，邀集了中外专家研究首都建设发展规划。

1953 年《北京城市总体规划》
甲、乙方案

1949 年至 1953 年，是现代北京城市总体规划初步形成阶段。北平解放后，全国政治协商会议决定定都北平，改北平为北京，提出了新中国首都应该是什么样的问题，需要通过首都规划明确方向。都市计划委员会在市委、市政府的直接领导下开始了总体规划编制工作。参加规划编制工作的第一代中国专家大多留学英国、法国和日本，还有一些刚离开学校的年轻人。市政府首批邀请的专家是以莫斯科市苏维埃副主席阿布拉莫夫为首的从事莫斯科规划建设的苏联专家。在编制规划之初，首先要解决以下问题：

一是首都性质除了政治、文化中心以外要不要提大工业城市。

二是城市规模以多大为宜。

三是如何确定城市建设标准。

四是如何正确处理文化古都和现代化建设的关系。

几乎每一个问题都有两种不同的意见。从 1949 年到 1953 年，经过反复讨论，多方案研究，最后由市委、市政府提出了第一个规划方案上报党中央，即《改建与扩建北京市规划草案的要点》。其基本思路如下：

1.首都性质不仅是政治、文化中心，同时还必须是大工业城市。北京成为首都以后，落后的消费城市面貌与首都地位极不相称。当时北京几乎没有现代工业，160多万城市人口中有30万人失业，不发展生产、不解决人民的生计，就无法巩固政权。因此，市委、市政府从接管政权的第一天起，首先抓了恢复和发展生产的工作，并下大力量整顿城市环境，改善市政条件。为尽快改变贫困落后的面貌，市委、市政府对建设新中国倾注了极大的热情，认为城市要摆脱贫困必须从实现工业化开始，"变消费城市为生产城市"。同时，也感到无产阶级专政的社会主义国家首都，应该有强大的产业工人队伍。

2. 城市规模以多大为宜？有人主张规模不宜过大，以400万人为宜。但是，市委、市政府考虑到具有4亿多人口的中国，首都规模不可能太小，规划上应该留有余地，因此确定为500万人。

3. 如何确定城市建设标准？有人主张要结合国情，不宜定得过高，以免造成浪费。但是，市委、市政府认为城市规划是百年大计，从长远看标准不宜过低，要吸取资本主义国家道路过窄、交通阻塞、绿化过少、环境恶劣等教训，要为后代子孙留有余地。勤俭建国方针要在长远规划的指导下在近期建设中加以落实，近期采取由内向外紧凑而有重点地发展。

4. 在如何处理文化古都和现代城市的问题上分歧则更大。一种意见主张把行政中心放在旧城，认为可以充分利用现有设施，增加旧城活力。另一种意见主张放到西郊，认为在旧城插入庞大新建筑，会破坏旧城格局和生活结构，造成两败俱伤的局面。当时，中央和市委采纳了前一种意见，主要是受经济条件制约，当时旧城有 2000 多万平方米的房屋和设施可以利用，中央人民政府已在中南海办公，中央各部也在已接管的王府、衙署中开始工作，国家没有财力占大片农田大兴土木新建楼堂馆所。

除行政中心位置争论外，在对古建筑物保护与城市改造的问题上也出现了分歧。有人主张尽可能多保护一点，有人主张改造步伐应该大一点。在当时，城市建设的每一个举措，几乎都遇到两种意见的冲突。因此，市委、市政府指出，在改建与扩建首都时，对古代遗留下来的建筑与城市基础，既不一概肯定，也不一概否定，要保留合乎人民需要的风格与优点，但必须改造和拆除妨碍城市发展的部分，以适应社会主义城市的需要。对古建筑采取一概保留，甚至使古建筑束缚发展的观点和做法是极其错误的。市委、市政府做出这一结论并写进规划原则中，与城市落后的状况有关。当时，旧城全是古建筑，如强调以保护为主，不拆除一些妨碍交通的牌楼、门洞，不打开城墙豁口，不拆除一些旧建筑，城市改造就寸步难行。在这一思想指导下，城市总体规划布局体现了继承与发展的思想。在总体规划中，旧城保留了棋盘式道路的格局和河湖水系，保持平缓开阔的城市空间，并划定了四合院保护区，确定了对古建筑采取区别对待的方针，有的拆除，有的改造，有的迁移，有的保留。在旧城以外则建立环路、放射路系统，并进行合理的土地功能分区，划定了办公区、文教区和工业仓库区、配套建设相应的生活区。所有这些，在城市改扩建中都发挥了积极作用。东长安街牌楼迁至陶然亭、北海大桥改造和以后的天安门广场改扩建，就是很好的例证。对于城墙，虽然中央早有拆除的意向，但是由于各方面意见不一，当时又不十分妨碍城市建设，因此在总体规划编制过程中持慎重态度，提出保留城墙四角、保留城门楼、保留部分城墙等多种方案，直到 1965 年在特定的政治背景下才开始大规模拆除。

在这一基本思路指导下的总体规划方案，虽然由于各方面意见还不很统一而未获中央批准，但是第一个五年计划期间首都的建设是在这个方案指导下进行的，并初步形成了市中心区的骨架和城市布局雏形。

1952 年春，市政府秘书长兼都市计划委员会副主任薛子正指示，加快制订规划方案，如认识不同，可编制两个方案报市委。于是，都市计划委员会责成华揽洪和陈占祥分别组织人员编制方案，于 1953 年春提出了甲、乙方案。

在甲、乙方案中，城市布局都采取工厂区适当分散、住宅既靠近工作地点又与中心区接近的方式，保证生活方便与中心区繁荣。

城市绿化采取与河湖及城市主干道相结合的形式，楔入中心区，形成系统。

城市道路大体采用棋盘式与环路、放射路相结合的方式。

但甲方案对旧城的原有格局改变多一点，把东南、西南两条对外放射干道斜穿入外城与正阳门大街交会于正阳门，东北、西北两条放射道路分别从内城东北、西北部插入交于新街口与北新桥，并引铁路干线从地下插入中心区，总站仍设在前门外；乙方案完全保持旧城棋盘式道路格局，放射路均交于旧城环路上，铁

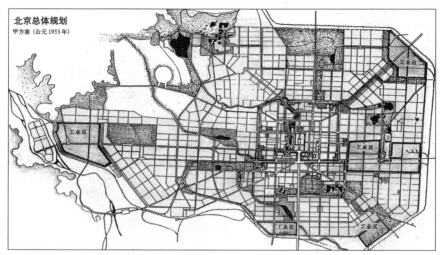

北京总体规划甲方案（1953年）

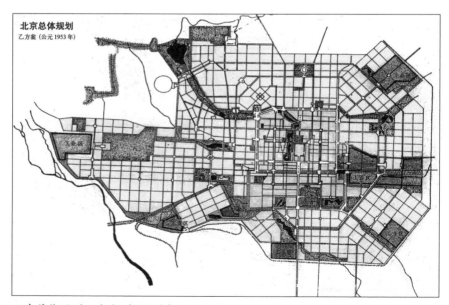

北京总体规划乙方案（1953年）

路不插入旧城，将总站设在城外。

对于城墙，甲、乙两个方案做了全部保留、部分保留、只保留城门楼和全部拆除等多种设想。

对于行政办公区，甲方案主张适当分散布置；乙方案主张集中在平安里、东四十条、菜市口、磁器口围合的范围内形成行政中心。

1953 年夏季，以郑天翔为首的规划领导小组负责对甲、乙方案进行综合修改，提出总体规划方案。1953 年 11 月，提出了《改建与扩建北京市规划草案的要点》上报党中央。其城市布局的指导思想是："从城市建设各方面促进和保证首都劳动人民劳动生产效率和工作效率的提高，根据生产力发展的水平，用最大努力为工厂、机关、学校和居民提供生产、工作、学习、生活、休息的良好条件，以逐步满足首都劳动人民不断增长的物质和文化需要。"

规划草案的具体设想要点如下：

1. 北京是我们伟大祖国的首都，必须以全市的中心区作为中央首脑机关的所在地，使它不但是全市的中心，而且成为全国人民向往的中心。

中央机关所在地（行政中心）集中在内环路（新街口、菜市口、蒜市口、北新桥）以内。工业区设置在东郊、东北郊、南郊和西郊，通县西、良乡、密云保留大工业备用地，在居住区内可发展无害的、与居民生活直接相关的工业。西北郊定为文教区，西山一带和团河等处开辟休养区。郊区留有较大农业基地，保证城市蔬菜、水果和乳类供应。

2.加强道路、交通设施建设，展宽、打通、取直原有棋盘式道路，并增设环状路和放射路系统，加强中心区通往城市各地区之间的直接联系。除天安门广场外，在主要干道交叉口设置若干建筑广场和交通广场。在规划区外围设置公路环，避免过境交通穿城。道路红线宽度：南北、东西轴线不少于100米，主要放射路不少于80米，环路60~90米，次要道路40米。增设无轨电车与公共汽车，逐步设置出租汽车，筹建地下铁道。拆除环城铁道，把铁路环移至市区外围，扩建丰台编组站，在永定门外设客车总站，其他地点设若干客站与货站。

3.住宅区采取大街坊制，9~15公顷（一般每隔300~400米有一条道路）为一单元。建筑层数不低于四、五层，主干道两侧及广场周围还可以再高一些。街坊要统一规划设计和建设，配套建设生活服务设施、绿地，保证居住区良好环境。

1957 年《北京城市建设总体规划初步方案》

1955 年 4 月，市政府聘请苏联专家组来京，北京市委改组了都市计划委员会，成立都市规划委员会（亦称专家工作室），在苏联专家指导下工作。1957 年春提出了《北京城市建设总体规划初步方案》。

该方案的规划思想与 1953 年总体规划方案基本一致，但内容大大丰富，设想更加具体，在城市布局方面的变动，主要表现在以下四个方面：

1. 坚持建设现代化工业基地的思想，首次提出"子母城"。"一五"初期，北京列入沿海地区，发展工业受到限制。1956 年毛主席《论十大关系》发表，指出"对沿海工业不能只是维持，而是要适当发展"，使发展工业的限制得以解脱。1957 年以后，北京进入工业发展的高潮，市委在给中央的报告中对城市的性质、规模和布局做了以下表述："北京不只是我国的政治中心和文化教育中心，而且还应该迅速地把它建设成一个现代化工业基地和科学技术的中心，这个规划方案就是在这样的前提下制定的，这个问题多年来没有解决，现在解决了。""根据这个前提，就决定了首都的发展规模不可能很小。""为了避免市区人口过分集中，城市布局上准备采取'子母城'的形式，在发展市区的同时，有

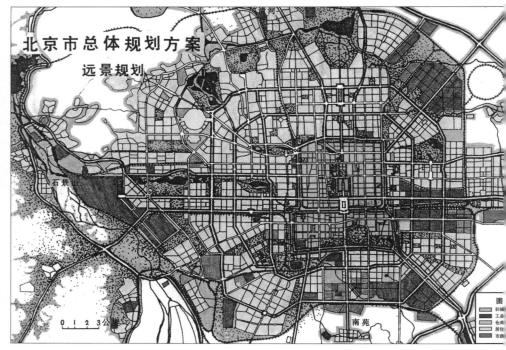

北京市总体规划初步方案（1957年）

计划地发展一批卫星城镇。"

　　该方案把规划范围从市区扩大到 8860 平方公里。在市区增加了东南郊化学工业区和清河、丰台工业区，强调中小学附近也要发展工业，居住区内可安排无害的小工业。在郊区规划的南口、昌平、顺义、门头沟、长辛店、坨里、房山、良乡、琉璃河、通州等 40 多个卫星镇也要安排工业。

　　2. 住宅区改以"小区"为组织城市居民生活的基本单位。其面积从原来的 9~15 公顷扩大到 30~60 公顷（一般每隔 500 米、600 米至 800 米、1000 米有一条城市道路），人口 1 万 ~2 万人。方案明确提出，几条城市道路所包围的地区形成小区，小区内部不允许城市公共交通车辆穿行；这个规模便于合理安排生活服务设施，节省市政投资，减少道路交叉口，提高城市交通速度，有利于创造安静的居住环境，建筑布置更加灵活。

3.明确规定建筑层数和标准。1957 年以前新建的 2000 多万平方米的房屋中，平房和二层楼房占了一半，虽节省了建筑投资，但浪费了大量土地，增加了城乡矛盾，从长远看，市政投资也将增大。鉴于此，市委在向中央的报告中分析利弊，明确提出在北京的中心地区，特别是改建地区，应以四、五层和六、七、八层楼房为主，在主要街道和重要地区要建八、九、十层或者更高一点的楼房。永久性的建筑标准也不宜过低，并且应该适当讲究建筑艺术，把适用、经济、美观结合起来。

4.进一步完善城市内部和对外交通设施发展的构想。

一是规定了城市道路由市区四个环路、郊区三个公路环和以二环路为起点的 18 条向外放射干道组成的干道系统。道路红线宽度：长安街 100~110 米，主干道 60~100 米，次干道 40~50 米，支路 30~40 米。

二是提出了由京山、京汉、京包、丰沙、京承、京古（古冶）、京原七条铁路干线和一个铁路环组成的枢纽规划，在东便门、西便门、西直门、永定门外设四个城市主要客站。

三是提出了市区公共交通以无轨交通为主、公共汽车为辅的电气化方针，并建设地铁，发展小汽车。

根据人民公社运动发展的形势，1958 年 9 月草拟的《北京市总体规划说明（草稿）》对总体规划做了重大修改，城市布局思想主要有以下四点改变：

1.在指导思想上突出了城市建设将着重为工农业生产服务和

消灭三大差别。

修改方案提出："我们的规划建设不仅要从当前国家生产水平出发，最大可能地满足现实的需要，而且应该看得更远，要考虑到将来共产主义时代的需要，为后辈子孙留下发展余地。目前，城市建设将着重为工农业生产服务，特别为加速首都工业化、公社工业化、农业工厂化服务，要为工农商学兵的结合，为逐步消灭工农之间、城乡之间、脑力劳动与体力劳动之间的严重差别提出条件。"

2. 在城市布局方面提出了"分散集团式"布局形式，大大缩小了市区人口规模和用地。总体规划把市区分割成几十个分散的集团，集团与集团之间是成片绿地。为实现大地园林化与城市园林化的理想，规划规定，旧城区要有40%的土地进行绿化，近郊区要有60%的土地进行绿化。绿地内除树林、果木、花草、河湖、水面外，还要种植农作物，星罗棋布地发展小面积丰产田，做到在市区既要有工业，又要有农业，市区本身就是城市和农村的结合体。市区城市建设用地相当于1958年6月上报方案的近期发展用地，市区规划城市人口从500万~600万缩小到350万。

市域面积从8860平方公里扩大到1.64万平方公里，规划人口仍维持在1000万左右。规划要求，在全面发展农、林、牧、副、渔的同时大力发展工业。今后北京新建大工厂主要将分散到远郊区，这些工厂将成为农村工业网的骨干，并以此为基点，形成许多大小不等的新市镇和居民点，分散围绕着市区，以利于人民公社工农商学兵全面结合和城乡结合。

3. 在工业发展方面提出了控制市区、发展远郊区的设想。

修改方案提出："工业要根据大中小结合的方针，在市区、郊区市镇和农村同时并举，分散而又有重点地分布。密云、延庆、平谷、石景山等地将发展为大型冶金工业基地；怀柔、房山、长辛店、衙门口和南口等地将建立大型机械、电机制造工业；门头沟一带的煤矿要充分开发；大灰厂、周口店、昌平等处建立规模较大的建筑材料工业；市区东南部安排主要的化学工业；顺义、通县、大兴等地布置规模较大的轻工业；郊区人民公社将根据本地资源情况，就地设厂，建立一套完整的农村工业网。""市区工业已成定局，并已基本饱和，这些地区今后一般不再安排新工厂，并作必要调整，一些为农村所需要的工厂，将根据可能迅速迁往郊区。"

4. 在居住区组织方面提出了按人民公社原则进行建设的设想。

修改方案提出："新住宅区一律按人民公社原则进行建设，既要便于组织集体生活，又要便于每个家庭男女老幼团聚。每个居住区里都要有为组织集体生活所必需的服务设施。"农村旧式房屋要有计划地进行改建。根据条件建设市政设施，使之逐步接近城市水平。

该方案在 1958 年形成初稿，1959 年进一步完善后付诸实施。

"分散集团式"布局有效地压缩了市区规模，绿地与城市用地互相穿插，有利于环境保护和生态平衡，避免了"大跃进"形势下城市规模迅速扩大。

1973 年编修《北京城市建设总体规划》

　　1966 年"文化大革命"开始,北京市的城市规划工作受到批判。1967 年 1 月 4 日, 国家基本建设委员会在《关于北京地区 1966 年房屋建设审查情况和对 1967 年建房的意见》中明令:"旧的规划暂停执行。"北京城市建设处于无规划指导的混乱状态。

　　1971 年 6 月 15 日,北京市召开城市建设和城市管理工作会议,万里指示重新拟制首都城市建设总体规划。1972 年市规划局重建,即着手编制北京城市总体规划。1973 年 10 月 8 日, 完成了总体规划修订, 向北京市委上报《关于北京城市建设总体规划中几个问题的请示报告》。报告着重强调要严格控制市区规模的问题, 指出"新中国建立以来, 北京的城市人口从 165 万人增长到 422 万人, 增加了一倍半, 其中市区(包括城区和近郊区)已达 365 万人, 新建房屋 5200 多万平方米, 相当于两个半旧北京城。市区建设用地也从 109 平方公里扩大到 290 平方公里。这个规模已经不小了,近年来还在不断扩大,带来了一系列矛盾"。报告建议:"继续采取措施, 积极控制人口规模。力争 1980 年把市区城市人口控制在 370 万~380 万人左右。"实际上 1978 年全市城市人口已达到 467.1 万人, 其中市区城市人口已达 395.5 万, 突破了 1973 年规划提出的 1980 年控制在 370 万~380 万人左右的指标。

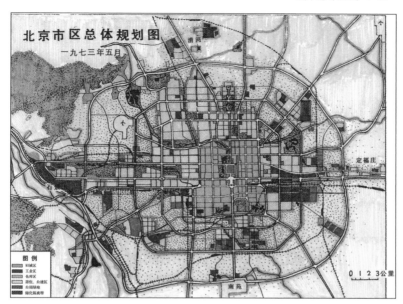

北京市区总体规划图 （1973年）

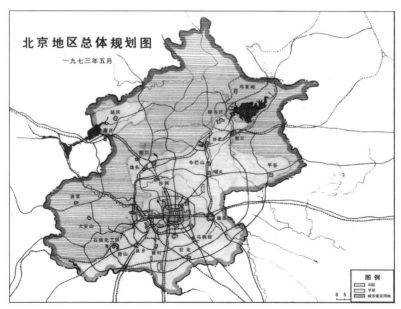

北京地区总体规划图 （1973年）

1982 年《北京城市建设总体规划方案》

1957 年至 1982 年，是现代北京城市总体规划历经反复、日趋完善的阶段，这个阶段的城市总体规划大体经历了四次修改。

1.第一次修改是在聘请苏联专家工作组的系统指导下进行的，为此市政府撤销了都市计划委员会，成立了专家工作室。经过 1955 年至 1957 年近两年的努力，提出了初步方案。该方案在编制过程中做了详尽的现状调查和定量分析，在 1953 年草案的基础上，参照莫斯科总体规划的技术要求，进一步加以修改完善。方案的基本思路与 1953 年总体规划大体一致，只是鉴于当时国家处于"大跃进"前夕，建设现代化大工业基地的决心更大，改造旧城的心情更急切，对各项设施现代化建设的要求更高。因此，市区城市人口规模扩大为 600 万人。

2.1958 年 8 月，党中央在北戴河会议上做出关于农村人民公社问题的决议。根据中央精神，市委决定对初步方案进行重大修改。在规划思路上突出了消灭三大差别的思想，强调工农结合。在城市布局上强调"分散集团式"布局，压缩了市区规模（从 600 万人缩小到 350 万人），扩大了市域范围至 1.64 万平方公里，强调大力发展城乡结合的新市镇，第一次提出在郊区发展工业的思想，把市域人口规模定为 1000 万人。在生活组织上提出按人民公社原则组织居民集体生活，调整了住宅区服务设施指标，修改了住宅设计。

1958 年规划方案中，为城市发展留有余地，城市基础设施的大骨架均未变动，只是市区用地大大压缩，郊区市镇用地大量增加。该方案的实施有效地控制了"大跃进"形势下市区工业过快发展，"分散集团式"布局增加了市区绿色空间，有利于生态环境保护。但是，郊区工业布点过多、过散，大部分项目不久"下马"，造成浪费。在城市里建了一些没有家庭厨房的住宅试点楼和公共食堂，为中小学、托儿所等设施提供住宿条件增加了配套建设投资，既不实用，又浪费资金。同时，为强调脑力劳动与体力劳动相结合，在大学以及住宅区和中小学校内建了一批工厂，造成布局混乱。

上述方案于 1959 年向中央书记处做了汇报，得到中央认可，鉴于后来出现三年困难时期和国际形势变化，未获中央正式批准。

"文化大革命"前的城市建设大体按该方案进行。1962 年，规划部门在城市建设处于低潮之时，对北京 13 年规划与建设的实践做了总结，认识到工业过分集中在市区，造成东郊工业区过挤，南郊过乱，西郊过大，给城市交通、职工生活带来诸多问题；环境污染日趋严重；工作用房与生活用房比例失调；卫星镇摊子铺得过大、过散；市政建设投资过少，基础设施欠账日趋严重。这些实事求是的总结使规划工作者对城市建设规律有了更深刻的认识。虽然在三年困难时期过后，有条件开创城市建设的新局面，但是不久便开始了"文化大革命"，总体规划被下令暂停执行，市规划局被撤销。从 1968 年至 1971 年，北京建设是在无规划指导下进行的，造成了极大的混乱和浪费。

3.市规划局的恢复和第三次总体规划修订。鉴于当时"文化大革命"尚未结束，虽然 13 年总结中论及的问题在新一轮总体规划中都提出了对策，但未引起市委的重视，方案上报后被搁置，市委未予讨论。

4."文化大革命"结束后，修订总体规划的工作又提到日程上来。1980 年，中央书记处对首都建设做了四项指示，指出北

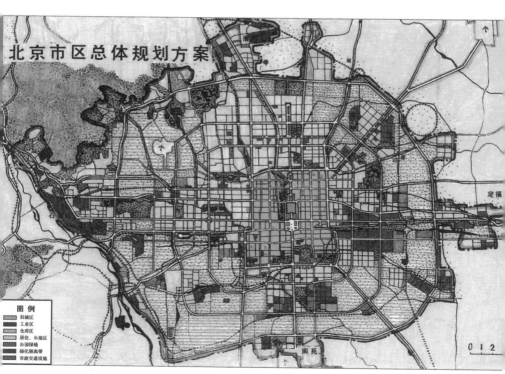

北京市区总体规划方案（1982年）

京是全国的政治中心，是我国进行国际交往的中心。要把北京建成全中国、全世界社会秩序、社会治安、社会风气和道德风尚最好的城市。要把北京变成全国环境最清洁、最卫生、最优美的第一流城市，也是世界上比较好的城市。要把北京建成全国科学、文化、技术最发达、教育程度最高的城市之一。同时还要做到经济不断繁荣，人民生活方便、安定，经济建设要适合首都特点，重工业基本不发展。

据此，北京市编制了《北京城市建设总体规划方案》，于1982年底上报国务院。1983年，党中央、国务院原则批准了该项总体规划，并做了重要批复。

1982年总体规划较全面地继承了"文化大革命"前17年规划与建设实践中的成功经验，并有以下几点发展：

（1）鉴于北京已建立起较强大的工业基础，市区工业特别是重工业发展过大过多，造成能源、水源、用地、交通的全面紧张，影响政治、文化中心功能的正常发挥，因此在城市性质中不再提经济中心，而是强调发展适合首都特点的经济，强调除工业外的多种经济的发展。

（2）鉴于"文化大革命"中对历史文物的空前破坏，也鉴于建筑技术发展，高层建筑增多，对旧城平缓开阔空间造成严重威胁，在旧城区新建筑在数量上已超过旧建筑，历史留下的东西已经不多，矛盾的主要方面发生了变化，因而对旧城保护与改造的关系上更强调保护，提出不仅要保护文物古迹，而且要保护其周围环境，要对旧城实施整体保护。

（3）在规划方案中强调了"骨头和肉"要配套的原则，大大加强了住宅和生活服务设施建设的力度，强调了基础设施不仅要还账，而且要先行。

（4）第一次把环境保护作为重要专题列入总体规划，提出了"治山治水、防治污染、兴利除弊、提高环境质量"的目标。

规划方案在城市布局方面，突出了以下两点思想：

1.提出"旧城逐步改建、近郊调整配套、远郊积极发展"的建设方针，合理调整城市布局。

旧城改建受拆迁和基础设施条件的制约，改建速度比较缓慢，难以适应政治中心和文化中心的需要，60%~70%的建设项目集中在近郊区，土地所剩无几，且基础设施和生活服务设施配套不足，也无太大回旋余地。要改变这种状况，根本出路在于跳出市区框框，面向1.64万平方公里，大力发展远郊城镇。据此，总体规划提出了上述建设方针，并对卫星城镇的开发方式与优惠政策提出了具体建议。

虽然这一规划方案在市区仍坚持"分散集团式"的提法，但是旧城区和近郊区难以分割，形成280多平方公里左右的一张"大饼"，习惯上称为"中心大团"。在"中心大团"周围有十个各自独立的集团，习惯上称为"边缘集团"。

规划方案对于远郊卫星镇的发展设想更加具体，对小城镇的功能与人口布局都做了考虑。

2.明确以居住区作为组织居民生活的基本单位，以便更好地安排各项设施，方便群众生活。

对于组织居民生活的基本单位，历次总体规划都有所发展。20 世纪 50 年代初，曾把邻里单位和大街坊作为基本单位来建设住宅区。每个街区为 9~15 公顷，0.5 万居民。实践证明，这个规模太小，不足以安排中小学等服务设施。1957 年提出以 30~60 公顷（1 万 ~2 万人）的小区作为基本单位，经过 20 多年实践，感到仍不是一个相对完整独立的生活单位，缺少邮局、医院、书店、电影院、菜市场等具有一定规模的服务设施。因此，1982 年总体规划规定 60~100 公顷（3 万 ~6 万人）的居住区作为基本单位，并提出："居住区的建设要和基层政权建设结合起来，形成能行使各项城市管理职能，设施比较齐全，居民日常生活要求基本满足，有一定相对独立性的社会细胞。逐步做到以一个街道办事处管理一个居住区，设派出所和房管所，并配置比较齐全的生活服务设施、市政公用设施、绿地和体育场。""每个居住区划分为若干小区。"团结湖、劲松、左家庄、方庄等居住区就是按此设想规划的。

总体规划还提出了工作用房与生活用房之间、住宅和生活服务设施之间的配套建设比例规定。工作用房与生活用房各占新建房屋总量的 30% 与 70%，住宅和生活服务设施用房各占新建生活用房总量的 78% 与 22% 左右为宜，逐步还清欠账。到 20 世纪末，人均居住水平从 5 平方米提高到 9 平方米。在城市交通设施等方面，基本上仍然维持 1959 年的布局体系。

1992 年《北京城市总体规划
（1991 年—2010 年）》

　　进入 20 世纪 90 年代以后，随着改革开放步伐不断加快，中国共产党第十四届中央委员会第三次全体会议明确提出建立社会主义市场经济体制，进一步推动经济社会发展，城市建设的速度随之加快。机制的转变和经济的高速发展，给城市规划与建设带来许多新矛盾、新问题。首都建设如何适应新形势、调整发展方向，这个问题又一次提到议事日程上来。遵照市政府和首都规划建设委员会的决定，从 1991 年初至 1992 年底，北京市城市规划设计研究院（简称市规划院）对北京城市总体规划进行修订，1992年底完成规划方案。1993 年 10 月，国务院批准了修订后的《北京城市总体规划》，使首都在新时期的建设方向得到确认。

　　市政府在向国务院上报总体规划时指出："这次总体规划的指导思想是：全面贯彻党的建设有中国特色社会主义的基本路线，在 1982 年总体规划的基础上，依据我国现代化建设分三步走的战略目标和北京市加快改革开放步伐，促进经济发展的战略部署，进一步优化城市布局，强化首都功能，加快城市现代化，促进适合首都特点的经济更加繁荣，城乡人民生活改善，环境质量明显提高，为把北京建设成经济发达的高度文明的现代化国际城市而努力奋斗。"

"规划年限为 20 年（1991 年至 2010 年），某些方面也考虑了 21 世纪中叶的发展需要。"

"规划的基本目标是：进一步加强和完善全国政治中心和文化中心的功能，保证党中央、国务院在改革开放的形势下领导全国工作和开展国际交往的需要；成为全国文化教育和科学技术最发达、道德风尚和民主与法制建设最好的城市。建立以高新技术为先导，第三产业发达，经济结构合理的高效益、高素质的适合首都特点的经济。到 20 世纪末，市区的调整改造和卫星城的建设取得明显成效，城市水源、能源、交通的运行紧张状况得到缓解，城乡环境质量明显改善，基本形成全方位对外开放的国际城市，以崭新面貌迎接建国 50 周年，并为举办奥运会创造一切必要条件。到 2010 年，北京的社会发展和经济、科技的综合实力，达到并在某些方面超过中等发达国家首都城市的水平，为在 21 世纪中叶，把北京建设成为具有第一流水平的现代化国际城市打好基础。"

1992 年总体规划与以往历次总体规划有两点不同：一是这是一项跨世纪工程，是首都建设第二个五十年规划，要考虑 21 世纪首都实现现代化的目标，在此基础上确定"八五""九五"和 2010 年的发展规划，而以往总体规划的发展目标都订到 20 世纪末；二是北京第一次按照社会主义市场经济体制的要求研究城市建设的方向。

规划思路发展主要表现在以下 7 个方面：

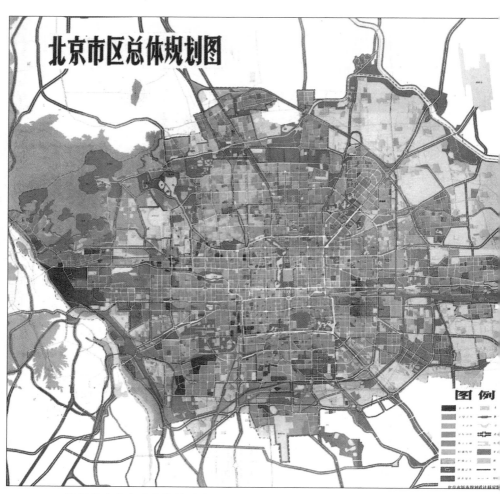

北京市区总体规划图

图例

1992年北京市区总体规划图

1. 提出建设开放型国际城市的目标。为实现这一目标，不仅要加强与国际、国内政治、经济、文化的联系与合作，而且要逐步改造"大院式"的单位办社会的城市结构，加快各项城市设施社会化的发展，以适应社会主义市场经济体制的需要。

2. 明确了适合首都特点的经济就是要建立以高新技术为先导、第三产业为主体的经济结构。以第三产业的发展来推动第二产业、第一产业实现高科技的改造，建立优质、高效的经济，这既是首都功能的需要，也是首都人才、信息和历史、自然资源的优势所在。

3. 首都的人口规模要适应市场经济发展需要，实事求是地论定。要适当留有余地，并应把流动人口纳入城市规模，在严格控制的前提下加强管理与疏导。

4. 城市发展必须实施两个战略转移的方针。城市建设重点逐步从市区向郊区转移，市区建设从外延扩展向调整改造转移。努力提高市区的整体素质，并推动郊区城市化进程，实现产业和人口的合理布局。

5. 把历史文化名城保护作为现代城市精神文明建设的长期任务加以坚持。按照法律严格保护国家公布的文物保护单位，整治历史文化街区，并从宏观环境、城市设计角度提出整体保护要求，以延续文脉，提高品位，创建首都独特风貌。

6. 把城市基础设施建设放在城市建设的首位。努力把首都建成水源、能源充足，交通、通信快捷，环境清洁优美，防灾体系健全的现代城市。

7. 为了实施城市总体规划，必须加强立法和宣传。要使人人都知道总体规划，人人守法。同时要通过土地有偿使用、基础设施产业化经营等手段，为城市建设集聚资金，加快城市发展速度。

总体规划实施以来，首都建设取得了显著成就。但是，由于建设体制的不断变化和城市的加速发展，促使城市建设中的若干矛盾加剧，主要包括城市发展与农村发展的矛盾，集中表现在城乡结合部的土地争夺上；规划与开发的矛盾，主要表现在城市要求环境质量和开发部门追求高容积率上；建设规模与城市基础设施的矛盾，反映在建设规模过大，城市基础设施严重滞后和资源缺乏上；经济发展与环境风貌的矛盾，反映在首都建设要求高标准、可持续发展和经济在发展水平还不高的情况下常常出现牺牲环境、追求短期效益上。

所有这些问题归根到底是如何正确处理现在和将来、整体和局部、需要和可能的关系问题。要求规划工作者熟悉市场经济，运用价值规律，在诸多矛盾中寻找平衡点，参与宏观调控，掌握城市建设合适的"度"，以加快社会主义经济建设，引导城市健康有序地发展。

在历次城市总体规划指导下，不同时期城市建设虽有起伏，但还是逐步向现代城市迈进，城市规划也不断深化。

在城市布局方面，规划提出实现两个战略转移的方针，即把城市建设的重点逐步从市区向广大远郊区转移，市区建设从外延扩展向调整改造转移，主要包括以下几个方面：

1. 在市区要充分体现政治、文化中心功能，搞好天安门广场和长安街的建设，把一部分不适合在市区的工厂、仓库调整到郊区去，腾出用地发展第三产业，在朝阳门外开辟商务中心区，完善各级商业文化服务网络，开辟与完善高新技术产业基地，加快危旧房改造，加速实现城市基础设施现代化，坚持"分散集团式"布局，划定绿色空间，协调好乡镇建设，保护生态环境，努力提高市区整体功能。

2. 在郊区扩大卫星城的规模到 20 万 ~40 万人，赋予相对独立的新城含义，为城市发展提供充足空间。明确未来 20 年城市发展重点在交通方便、土地平坦、经济基础较好的东南各卫星城，沿东南方向的京津塘高速公路为城市主要发展轴，卫星城的建设从距市区较近的 10~15 公里处开始，由近及远逐步推进。明确提出建立四级城镇体系，即市区（中心城市）、卫星城（含县城）、中心镇、建制镇。

3. 交通建设方面，城市道路交通的大结构没有变化，但进一步完善了城市综合交通体系，加密市区道路网，并建立快速路系统，健全对外交通设施，发展以轨道交通为主体的公共客运交通。在对外交通方面，进一步完善铁路枢纽系统，提出建设京沪、京哈、京广三条快速铁路，建立 17 条对外公路系统，其中 10 条是国道。在首都航空港扩建的基础上，在通县南部保留了建立首都第二航空港的位置。

2005 年《北京城市总体规划
（2004 年—2020 年）》

《北京城市总体规划（2004 年—2020 年）》从总则，城市性质、发展目标与策略，城市规模，城市空间布局与城乡协调发展，新城发展，中心城调整优化，历史文化名城保护，产业发展与布局引导，社会事业发展及公共服务设施，生态环境建设与保护，资源节约、保护与利用，市政基础设施，综合交通体系，城市综合防灾减灾，近期发展与建设，规划实施等 16 个方面进行了阐述。

此次规划确定的规划区范围为北京市行政辖区，总面积为16 410 平方公里。

关于规模与结构：到 2020 年，中心城人口规划控制在 850万人以内，北京市总人口规模规划控制在 1800 万人左右，北京市城镇人口规模规划控制在 1600 万人左右。

关于城市性质：北京是中华人民共和国的首都，是全国的政治中心、文化中心，是世界著名古都和现代国际城市。

关于城市定位：国家首都：按照中央对北京做好"四个服务"的工作要求，强化首都职能。国际城市：以建设世界城市为努力目标，不断提高北京在世界城市体系中的地位和作用。历史名城：弘扬历史文化，保护历史文化名城风貌，形成传统文化与现代文明交相辉映、具有高度包容性、多元化的世界文化名城。宜居城市：创造充分的就业和创业机会，建设空气清新、环境优美、生态良好的宜居城市。

关于城市空间布局：在北京市域范围内，构建"两轴—两带—多中心"的城市空间结构。

两轴：指沿长安街的东西轴和传统中轴线的南北轴。

两带：指包括通州、顺义、亦庄、怀柔、密云、平谷的"东部发展带"和包括大兴、房山、昌平、延庆、门头沟的"西部发展带"。

多中心：指在市域范围内建设多个服务全国、面向世界的城市职能中心，提高城市的核心功能和综合竞争力，包括中关村高科技园区核心区、奥林匹克中心区、中央商务区（CBD）、海淀山后地区科技创新中心、顺义现代制造业基地、通州综合服务中心、亦庄高新技术产业发展中心和石景山综合服务中心等。

关于通州新城及地区发展：（1）东部发展带的重要节点，北京重点发展的新城之一，也是北京未来发展的新城区和城市综合服务中心。引导发展行政办公、商务金融、文化、会展等功能。是中心城行政办公、金融贸易等职能的补充配套区。

（2）空间上主要向东、向南发展，北运河以东地区是引导发展行政办公、金融商务等功能的重要区域，该地区的规划和建设要高起点、高标准，突出以北运河为纽带的城市形象与文化内涵。

2017 年《北京城市总体规划（2016 年—2035 年）》

　　《北京城市总体规划（2016 年—2035 年）》由 8 个章节组成，从聚焦城市战略定位、空间布局、要素配置、历史保护、城乡统筹、区域协同等方面进行了总体规划。

　　关于规划范围：本次规划确定的规划区范围为北京市行政辖区，总面积为 16 410 平方公里。

　　关于战略定位：北京是 4 个"中心"，即政治中心、文化中心、国际交往中心、科技创新中心。

　　关于城市规模：按照以水定人的要求，根据可供水资源量和人均水资源量，确定北京市常住人口规模到 2020 年控制在 2300 万人以内，2020 年以后长期稳定在这一水平。

　　关于空间布局：构建"一核一主一副、两轴多点一区"的城市空间结构。一核，即首都功能核心区，总面积约 92.5 平方公里。一主，即中心城区、城六区，包括东城区、西城区、朝阳区、海淀区、丰台区、石景山区，总面积约 1378 平方公里。一副，即北京城市副中心，规划范围为原通州新城规划建设区，总面积约 155 平方公里。两轴，即中轴线及其延长线、长安街及其延长线。多点，

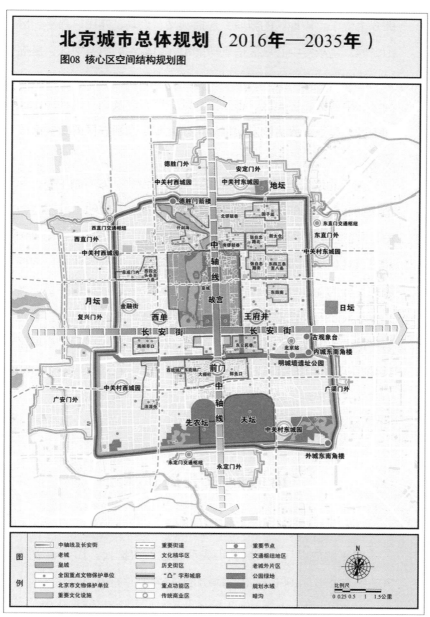

北京城市总体规划　核心区空间结构规划图（图片来源：首都之窗）

即 5 个位于平原地区的新城，包括顺义、大兴、亦庄、昌平、房山新城，是承接中心城区适宜功能和人口疏解的重点地区，是推进京津冀协同发展的重要区域。一区，即生态涵养区，包括门头沟区、平谷区、怀柔区、密云区、延庆区，以及昌平区和房山区的山区，是京津冀协同发展格局中西北部生态涵养区的重要组成部分。

关于北京城市副中心：高水平规划建设北京城市副中心，示范带动非首都功能疏解。北京城市副中心规划范围约 155 平方公里，外围控制区即通州全区约 906 平方公里，进而辐射带动廊坊北三县地区协同发展。到 2020 年北京城市副中心常住人口规模调控目标为 100 万人左右；到 2035 年常住人口规模调控目标为 130 万人以内，就业人口规模调控目标为 60 万 ~80 万人。通过有序推动市级党政机关和市属行政事业单位搬迁，带动中心城区其他相关功能和人口疏解，到 2035 年承接中心城区 40 万 ~50 万常住人口疏解。

市域面积五次扩大

北平解放以后，市域面积先后经过五次扩大，1949 年初为 707 平方公里，1958 年 10 月增加到 1.64 万平方公里。

1949 年初，北京市总人口 187.6 万人。1949 年 6 月第一次扩大市界，将长辛店、丰台、南苑及昌平县的东北旺、傅家窑、后营等划入北京市，净增土地面积 548 平方公里，增加人口 21.6 万人，市域面积达到 1255 平方公里，总人口 209.2 万人。其中城市人口 164.9 万人，农业人口 38.2 万人，暂住人口 6.1 万人。

1952 年 7 月，第二次扩大市界，将原河北省的宛平县和房山县 75 个村、良乡县东营村等划入北京市，净增土地面积 1961 平方公里，市域面积为 3216 平方公里，共增加人口 13.12 万人。

1956 年 3 月，第三次扩大市界，将原河北省昌平县全县及通县的金盏、孙河、上新堡、崔各庄、长店、前苇沟、北皋等 7 个乡（村）划入北京市，净增土地面积 1604 平方公里，市域面积为 4820 平方公里，共增加人口 29.22 万人。

1958 年 3 月，第四次扩大市界，将原河北省通县、顺义、大兴、房山、良乡等 5 个县划入北京市，净增土地面积 4040 平方公里，市域总面积为 8860 平方公里，共增加人口 13.6 万人。

1958 年 10 月，第五次扩大市界，将原河北省的平谷、密云、怀柔、延庆等 4 个县划入北京市，净增土地面积 7948 平方公里，市域面积为 1.64 万平方公里，共增加人口 82.1 万人。

1960 年初，国务院决定撤销北京市昌平区、通州区、顺义区、大兴区、周口店区，分别设立昌平县、通县、顺义县、大兴县、房山县。此后，几经调整形成北京市辖区内 18 个区、县（含城区、近郊区 8 个区），市域总面积为 1.64 万平方公里，总人口 659 万人（1958 年底数字），其中城市人口 350 万人，农业人口 282 万人，暂住人口 27 万人。

2010 年 7 月 1 日，国务院正式批复北京市政府关于调整首都功能核心区行政区划的请示，同意撤销北京市东城区、崇文区，设立新的北京市东城区，以原东城区、崇文区的行政区域为东城区的行政区域；撤销北京市西城区、宣武区，设立新的北京市西城区，以原西城区、宣武区的行政区域为西城区的行政区域。根据北京市区县功能定位，首都功能核心区包括原东城、西城、崇文、宣武 4 个中心城区。合并后新设立的东城区，辖区范围为现东城区和崇文区辖区范围，面积 41.84 平方公里，常住人口 86.5 万人。合并后新设立的西城区，辖区范围为现西城和宣武区辖区范围，面积 50.70 平方公里，常住人口 124.6 万人。

2015 年 11 月 17 日，经国务院批准，撤销密云县、延庆县，设立密云区、延庆区。撤县设区后，其行政区域与之前相同。

规划市区面积

北京规划市区，从 1938 年日伪编制的《北京都市计划大纲草案》到 1992 年《北京城市总体规划》是不断扩大的，由 300 平方公里扩大到 1040 平方公里，在这 50 多年中经历了五次扩大。

1938 年日伪的《北京都市计划大纲草案》规划市区范围：以正阳门为中心，东、西、北各 30 公里，南 20 公里，总面积 300 平方公里。

1953 年《北京城市总体规划甲、乙方案》规划市区范围：东至高碑店，南至凉水河，西至永定河西的长辛店，北到清河镇，规划范围用地 500 平方公里。

1954 年的北京城市总体规划在 1953 年规划市区范围外，增加了西南工业区用地和西北风景区用地，规划范围扩大到 600 平方公里。

1982 年《北京城市建设总体规划方案》提出规划市区范围：西起石景山，东到定福庄，北起清河，南到南苑，方圆 750 公里。

1992 年《北京城市总体规划》提出规划市区范围：东起定福庄，即朝阳区的东边界，西到石景山区的西边界，北起清河，南到南苑即丰台区南边界，方圆 1040 平方公里。

城市性质定位

北京城最早的现代城市规划始于日伪时期。1941 年 3 月，由北京市伪建设总署实施的《北京都市计划大纲草案》把城市性质定为"政治、军事中心，特殊之观光城市，可视作商业城市"。

1945 年 9 月，抗战胜利，北京又改称北平，北平市政府对城市规划加以修订。1946 年提出《北平都市计划大纲》，把城市性质定为"将来中国之首都，独有之观光城市"。

1949 年，由都市计划委员会邀集中外专家研究北京城市规划问题。与会人员一致认为，城市性质除了政治中心外，还应是文化的、科学的、艺术的城市，同时也应该是一个大工业城市。

1953 年夏季，中共北京市委成立了以市委常委、秘书长郑天翔为首的规划小组，在综合留法专家华揽洪和留英专家陈占祥甲、乙规划方案基础上编制的总体规划方案中明确提出，首都建设的总方针是："为生产服务，为中央服务，归根到底是为劳动人民服务。从城市建设各方面促进和保证首都劳动人民劳动生产效率和工作效率的提高，根据生产力发展水平，尽最大努力为工厂、机关、学校和居民提供生产、工作、学习、生活、休息的良好条件，以逐步满足首都劳动人民不断增长的物质和文化需要。"同时提出了六条指导原则：

"第一，北京是我们伟大祖国的首都，必须以全市的中心区作为中央首脑机关的所在地，使它不但是全市的中心，而且成为全国人民向往的中心。

"第二，首都应该成为我国政治、经济和文化的中心，特别要把它建设成为我国强大的工业基地和科学技术的中心。

"第三，在改建和扩建首都时，应当从历史形成的城市基础出发，既要保留和发展它合乎人民需要的风格和优点，又要打破旧的格局所给予我们的限制和束缚，改造和拆除那些妨碍城市发展和不适于人民需要的部分，使它成为适应集体主义生活方式的社会主义城市。

"第四，对于古代遗留下来的建筑物，我们必须加以区别对待。对它们采取一概否定的态度显然是不对的；同时对古建筑采取一概保留，甚至使古建筑束缚我们的发展的观点和做法也是极其错误的。目前的主要倾向是后者。

"第五，在改造道路系统时，应尽可能从现状出发，但北京的房屋多数是年代较久的平房，因此也不应过多地为现状所限制。

"第六，北京缺乏必要的水源，气候干燥，有时又多风沙。在改建、扩建首都时应采取各种措施，有步骤地改变这种自然条件，并为工业发展创造有利条件。"

规划草案上报后，中央批转国家计划委员会（简称国家计委）审议。国家计委于 1954 年 10 月 16 日对北京的城市性质和规模提出了不同意见：不赞成"强大的工业基地"的提法，主张在北京适当地、逐步地发展一些冶金、纺织、精密机械制造和轻工业。

为此，北京市委对规划草稿进行了局部修改，并制定了第一期（1954 年至 1957 年）城市建设计划和建设用地计划，于 1954 年 10 月 26 日将《关于早日审批改建与扩建北京市规划草案的请示》和《北京市第一期城市建设计划要点》两个报告同时上报中央。

报告就首都的性质与规模、城市建设中现在与将来的关系做了说明。市委认为："首都是我国的政治中心、文化中心、科学艺术中心，同时还应当是也必须是一个大工业城市。如果在北京不建设大工业，而只建设中央机关和高等学校，则我们的首都只能是一个消费水平极高的消费城市，缺乏雄厚的现代产业工人的群众基础，显然这和首都的地位是不相称的。""我们在进行首都规划时，首先就是从把北京建设成为一个大工业城市的前提出发的"，"工业建设的速度不应过慢或过迟"。规划草案"首先考虑了工业建设的需要"。

1980 年 4 月，中央书记处听取了北京城市建设问题的汇报，做出了关于首都建设方针的四项指示，随后即以中央文件形式下发。四项指示明确提出，北京是全国的政治中心，是我国进行国际交往的中心。

中央书记处的指示为首都建设指明了方向，统一了各方面的认识。1982 年《北京城市建设总体规划方案》明确提出，北京的城市性质是"全国的政治中心和文化中心"。"首都的建设，要保证党中央、国务院领导全国工作和开展国际交往的需要；要满足各省、市、自治区来京工作的需要；要为首都人民的工作和生活创造方便的条件。""首都的科学技术、文化教育事业主要应安排那些能反映我国现代化建设，赶超世界先进水平，有全国指导意义的典型单位；还要肩负起为全国各地培养、输送各种人才的任务。要为首都精神文明建设，为广泛开展科普活动和科技、文化交流，为发展全民教育，发展卫生、体育事业创造条件。"方案强调，今后工业发展要适应和服从城市性质的要求，主要走"内涵"发展的道路，向高精尖方向发展，不再发展占地多、耗能高、耗水量大、运输量大、污染严重的工厂。同时强调，对经济发展的理解，不能只局限于工业，应该包括交通运输、建筑、旅游、内外贸易、各项公用服务行业和农业等，要充分考虑首都特点，调整结构，扬长避短，发挥优势，不断提高经济效益，争取较高的发展速度，"生产第一流的产品，搞出第一流的水平，提供第一流的服务，为把首都建设成为现代化的高度文明和高度民主的社会主义城市而努力奋斗"。

1983 年 7 月 14 日，中共中央、国务院原则批准了《北京城市建设总体规划方案》，并做出十条批复。

批复指出："北京是我们伟大社会主义祖国的首都，是全国的政治中心和文化中心。北京的城市建设和各项事业的发展，都必须服从和充分体现这一城市性质的要求。"同时要求北京市为党中央、国务院领导全国开展国际交往和全市人民的工作生活创造良好的条件，在两个文明建设中成为全国城市的榜样。

1992 年《北京城市总体规划》对城市性质的解释是："城市性质体现了对外开放，建设国际城市的含义。"除了"北京是伟大社会主义祖国的首都，是全国的政治中心和文化中心"外，加上了"世界著名的古都和现代国际城市"。

总体规划强调，适合首都特点的经济是建立以第三产业为主体的现代化产业结构，必须从首都功能需要出发，充分利用首都的人才、信息和自然、历史资源优势，用高新技术改造传统产业求得首都经济的发展。首都不仅要为全国经济建设服务，体现以经济建设为中心，同时也要发展自身的经济，为加快实现首都现代化建设提供物质基础。

2005 年北京城市规划将北京定位为"是中华人民共和国的首都，是全国的政治中心、文化中心，是世界著名古都和现代国际城市"。

2017 年《北京城市总体规划》做出北京城市战略定位是全

国政治中心、文化中心、国际交往中心、科技创新中心。北京的一切工作必须坚持 4 个中心的城市战略定位，履行为中央党政军领导机关工作服务，为国家国际交往服务，为科技和教育发展服务，为改善人民群众生活服务的基本职责。落实城市战略定位，必须有所为有所不为，着力提升首都功能，有效疏解非首都功能，做到服务保障能力同城市战略定位相适应，人口资源环境同城市战略定位相协调，城市布局同城市战略定位相一致。

城市规模预测

自从辽在北京建陪都以来，历经金、元、明、清和民国，北京一直是历代王朝的首都，根据用地规模估计，自元代以后人口规模已达百万左右。

据北京市城市规划管理局（简称市规划局）编撰的《城市现状资料简编》记载，1912 年北京市人口为 72.5 万，1937 年 150.5 万，1948 年 200.6 万。1949 年北平和平解放时，北平辖区为 707 平方公里，人口 187.6 万，其中旧城区的人口 164.9 万。

中华人民共和国成立以前，日伪时期和抗战胜利后的北平，曾两次编制总体规划，也有涉及人口的现状规模和规划预测规模。

日本侵占北京和华北后，随着战线南移，北京的人口剧增，1936 年为 153 万，1938 年为 160 万，1939 年达 173 万。1938 年，日伪编制了《北京都市计划大纲草案》，并于 1941 年 3 月由伪建设总署颁布实施，其中提到"20 年内人口从 150 万增至 250 万"。

抗战胜利后，北平市政府详细调查了北平的现状，检讨了沦陷期北平的建设，于 1946 年制定了《北平都市计划大纲》，提到"本市都市计划包括通州，现在人口 180 万，预计将来可达 300 万人"。

自 1949 年 5 月都市计划委员会成立，即开始对未来首都规划的研究，虽然在城市布局、行政中心位置等方面有不同意见，但是在城市规模的预测上没有分歧，大家都认为作为首都城市规模不可能太小，"预计 15 至 20 年内人口将从 100 多万增至 300 万至 400 万"。

1952 年春，北京市政府为加快制定规划方案，责成华揽洪和陈占祥分别组织人员编制方案。

1953 年春，都市计划委员会提出甲、乙两个城市建设总体规划方案。两个方案在城市布局结构上虽有不同构思，但是人口规模都定为"20 年发展至 450 万"。

1953 年夏季，为加快总体规划方案的编制，市委成立了以市委常委、秘书长郑天翔为首的规划小组负责对甲、乙方案进行综合，提出总体规划方案，并聘请苏联专家巴拉金作指导。同年 11 月提出了《改建与扩建北京市规划草案的要点》上报党中央。草案要点中提出，"城市规模在 20 年左右人口达到 500 万左右，城市用地扩大到 600 平方公里"。

规划草案上报后，中央批交国家计委审议，国家计委于 1954 年 10 月 16 日向中央提出意见报告，不赞成"强大的工业基地""文教区"等提法,认为居住区、道路红线、绿地等标准过高,还"觉得人口规模 500 万太大,400 万较适合"。

为此,市政府对国家计委的意见提出了不同看法,于 1954年 10 月 26 日将《关于早日审批改建与扩建北京市规划草案的请示》和《北京市第一期城市建设计划要点》两个报告同时上报中央。报告坚持了建设大工业城市的观点,指出"我们在进行首都规划时首先就是从把北京建设成为一个大工业城市的前提出发的"。规划草案首先考虑了工业建设的需要,提出 20 年城市人口500 万的设想,并指出"我们不但要从我们这一代的需要和可能出发,同时还要考虑到后代发展的需要,给后辈子孙留下发展余地。从这个原则出发规定市区范围为 600 平方公里左右,并在其四周留下扩展的余地","现在把城市用地留得大些……将来如果经验证明用不了这样大,可以在分期建设计划中逐步修改。这样做可进可退,比较主动"。同时强调,"城市建设到底是节约还是浪费,主要决定于分期的建设计划和工程设计,必须通过分期的建设计划来贯彻城市建设的节约原则"。

鉴于北京市委和国家计委对北京市总体规划存在不同意见,因此党中央对北京市上报的《改建与扩建北京市规划草案的要点》没有批复。但是北京市的建设实际上是在要点的指导下进行的。为了更加科学地制订北京市总体规划,尽快统一认识,北京市委赞成国家计委"聘请一批苏联有关城市规划、给水、排水、供热、煤气和公共交通等专家设计组来我国专为协助北京进行下一步规划设计工作"的建议。经中央批准,1955 年 4 月,市政府聘请的苏联 9 人专家组来京。北京市委改组了都市计划委员会，成立专家工作室和都市规划委员会（两块牌子、一套人马），由郑天翔任主任，从城市建设各方面抽调技术人员在专家组指导下工作，对北京市的现状做了详细的调查研究。

此次总体规划编制，在人口预测的方法上引入了人口自然增长、机械增长（亦称迁移增长）和劳动平衡法的理论，把城市人口分成基本人口、服务人口和被抚养人口。所谓基本人口系指中央国家机关、大专院校、科研机关和工业职工，认为这是决定城市规模的基本因素；服务人口是与基本因素相配套的服务业人口，包括地方行政官员、商业服务业、中小学校、幼儿园以及相关的文化、体育、卫生设施等职工；被抚养人口系指所有职工所带的没有职业的眷属，主要是老人与未成年人。这种人口预测方法是从人口的机械增长、自然增长和就业率的角度预测人口的增长。

2005 年《北京城市总体规划》规定：2020 年，中心城人口规划控制在 850 万人以内，北京市总人口规模规划控制在 1800 万人左右，北京市城镇人口规模规划控制在 1600 万人左右。

2017 年《北京城市总体规划》提出了严格控制人口规模，优化人口分布。按照以水定人的要求，根据可供水资源量和人均水资源量，确定北京市常住人口规模到 2020 年控制在 2300 万人以内，2020 年以后长期稳定在这一水平。

重点规划

　　北京城的规划建设有着深厚的历史文化渊源。其空间结构的最大特点，突出展现在全城自南而北的中轴线、自东而西的长安街及其延长线上。在 70 多年的北京城市建设中，有关中轴线、天安门广场、长安街等地区的详细规划做得较多，影响较大。

中轴线规划

北京旧城中轴线南起永定门，往北经正阳门、大明门、承天门、端门、午门，经皇宫宫城至玄武门、景山，再向北经北安门（清改称地安门）至鼓楼、钟楼，全长 7.8 公里，由一连串高低起伏、整齐有序的建筑组成。历次城市总体规划都十分重视保护和发展这条传统的城市中轴线。1982 年《北京城市建设总体规划方案》明确提出："从前门往北至北二环，是城市中轴线的主要地段，其景观要着重保护，两侧一定范围内，建筑高度严加限制。"

1992 年《北京城市总体规划》中关于"北京历史文化名城保护规划"的专题规划，提出了保护和发展传统城市中轴线的几个要点：第一，今后要妥善保护这段中轴线的环境，控制中轴线两侧的建筑高度和体量，保持中轴线两侧开阔空间。第二，要恢复正阳门城楼和箭楼之间的瓮城。从前门至珠市口，拟保持传统商业街的面貌。珠市口至永定门，拟突出天坛、先农坛分列两侧的传统格局，保留足够的绿化。第三，北中轴北端目前还保留 1 平方公里多的建筑用地，这里南望钟楼，北临清河和规划森林公园，是市区规划中轴线终端，位置十分重要，拟采取"实轴"手法，在轴线上安排体量较大的公共建筑，采取传统整齐对称的建筑布局形式，体现出 21 世纪首都的新风貌，成为中轴线的重要

端景。第四，景山南望故宫，是显示古都传统建筑天际轮廓的重
要景观线，其南侧不宜有高层建筑插入，因此南部地区也不适宜
建超高层建筑。在北部、东北部和东部三、四环路之间或者更远
地区，传统景观的制约较少，有可能选择合适地点安排较高的建
筑物。此类建筑的分布应节律有序、起伏有致，建筑形象与其功
能相符，在其周围应保留大片绿地和广场，有开阔的视野和良好
的环境。

城市中轴线（1994年）

2017 年《北京城市总体规划》中关于"空间布局"的规划，提出了构建"一核一主一副、两轴多点一区"的城市空间结构。两轴，即中轴线及其延长线、长安街及其延长线。中轴线及其延长线为传统中轴线及其南北向延伸，传统中轴线南起永定门，北至钟鼓楼，长约 7.8 公里，向北延伸至燕山山脉，向南延伸至北京新机场、永定河水系。中轴线及其延长线以文化功能为主，是体现大国首都文化自信的代表地区。既要延续历史文脉，展示传统文化精髓，又要做好有机更新，体现现代文明魅力。"中轴线既是历史轴线，也是发展轴线。注重保护与有机更新相衔接，完善传统轴线空间秩序，全面展示传统文化精髓。"

南中轴线

据史料分析，自明朝起，前门至永定门大街的南中轴线宽度应该是西侧为珠宝市、粮食店、铺陈市一线，东侧为肉市街、果子市、西草市一线。在天坛北路口以南，宽敞的绿地背后是天坛与先农坛的坛墙。当时的肉市街东侧一线至珠宝市西侧一线的宽度，在北端为 68 米左右，至珠市口处为 80 米以上，到天坛北路口时已达百米以上，因此可以确定这条大街当年建成时的宽度在 70~80 米。1992 年《北京城市总体规划》从保护旧城中轴线的要求出发，把这条大街的红线定为 80 米是合理的。

关于前门至永定门大街两侧的建筑高度控制，1979 年的城区层数分区规划是按建筑层数划定的。该规划对前门大街规定为

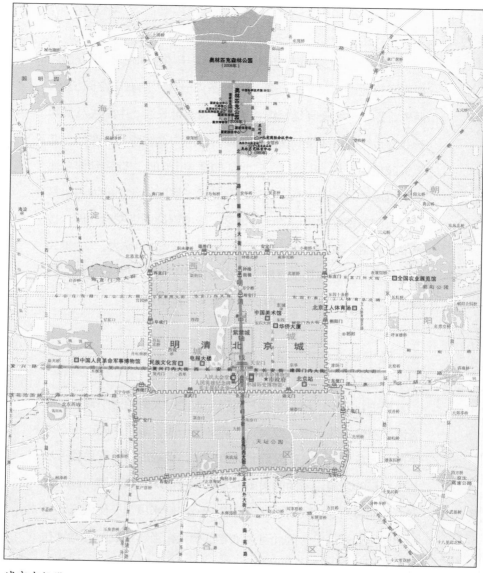

城市中轴线

4 层至 6 层地区，并要求在沿大街的建筑地带内留出 30% 以上
的地区作为规划绿地带。1985 年公布的《北京市区建筑高度控
制方案》提出，前门大街珠市口以北沿街 200 米以内，珠市口以
南沿街 100 米以内为建筑高度控制在 18 米以下的地带，而大片
地区为控制在 30 米以下的地带。1987 年，由于一些专家学者对
1985 年的规划方案提出质疑，所以做了一次调整，把珠市口以
北定为建筑高度控制在 12 米以下的地带，珠市口以南定为控制
在 18 米以下的地带。1992 年《北京城市总体规划》又划定了大
栅栏历史文化保护区，以保护这里传统商业街的风貌。总体规划
要求，在条件允许时实现规划红线，尽量恢复一些明代的原貌，
并复建正阳门前的五牌楼，恢复正阳门瓮城。在这样的情况下，
为使人们在远处望去能有城墙天际线延续的感觉，当人们退到珠

正阳门五牌楼（旧照）

市口看正阳门时处于最佳视域范围，珠市口以北大街两侧建筑定为 12 米是比较合适的，只有这样才能保护中轴线的开阔，体现箭楼的巍峨气魄。而当人们站在天坛北路口看正阳门时，为了保证良好的视线景观，规定珠市口以南两侧的建筑控制在 18 米以下也是适宜的。

旧城以外的南中轴延长线，即永定门到南苑之间的路段，以保护大环境景观为主，通过建设大面积的片林，衬托以景山、故宫为核心的建筑轮廓。规划要求，旧城以外南中轴延长线的建筑高度控制在 30 米以内。另外，北京市政府计划将来复建永定门城楼，以加强南中轴南端标志性建筑的气势和恢复永定门的传统风貌。

永定门（旧照）

永定门（新姿）

北中轴线

地安门内大街是明、清时期皇城北大门内的重要通道，宽约68米，长约580米。对这条大街的保护规划，应将现存在于大街两侧的内皇城墙给予妥善保护和修缮，并将规划红线定在两侧内皇城墙及其延长线的位置，把内皇城墙露出来，使人们体会到当年近70米宽的皇城以内通道的气势。在其东西两墙以外地区，应该按照历史文化保护区的保护要求进行保护。

地安门外大街是一条古老的商业街。1999年，北京市规划部门与文物部门合作编制了《北京旧城历史文化保护区保护和控制范围规划》。应按这个规划的控制目标，对地安门外大街进行保护。此外，鼓楼东南面一些较好的四合院地区应该作为保留区，与西边烟袋斜街相呼应，后门桥西北的火德真君庙周围，应保留较多的绿地，以再现"石桥深树里"的景观。

钟鼓楼地区，指鼓楼至北二环路，西至旧鼓楼大街，东至与旧鼓楼大街相对称的规划道路之间的地区。在钟鼓楼附近，历史上是一个集市式的小市区。1999年编制的《北京旧城历史文化保护区保护和控制范围规划》规定，钟鼓楼周围为绿地，其北两块用地是建筑高度为9米的居住、公共建筑地带，再往北的两块地块也为绿地。

北中轴北二环至北苑之间的地段，需要保护的内容并不多，但是对于旧城中轴线景观的影响却不容忽视。1992年《北京城市总体规划》规定，北中轴线的北端为建筑高度控制在30米以下地区。1999 年的《北京市区中心地区控制性详细规划》的《建筑高度控制规划图》则规定该地区的建筑控制高度为 100 米。有专家建议，在北中轴的建筑高度控制问题上，应采用 1992 年《北京城市总体规划》中规定的高度要求。

天安门广场规划

规 划

1949 年 9 月，人民英雄纪念碑奠基，为迎接开国大典，对广场突击整治，立旗杆，整修城楼，粉刷台墩与东西大墙，搭观礼台，建厕所，石狮、华表向后移动，铺装路面，新辟东西大墙出入口。当时规划任务是选定旗杆与纪念碑位置，提出环境整修方案。因时间十分仓促，没有很多方案比较，旗杆就定在南北中轴线与丁字广场南墙东西连线相交处。纪念碑提出 3 个方案：其一，偏北离旗杆太近，影响集会；其二，偏南在中华门与正阳门之间，离天安门太远，已出了广场范围；其三，处于绒线胡同中心线东延长线与南北轴线交点处，大体在天安门与正阳门中间偏北 12 米处，位置较合适，在周恩来总理的审定下，即在此奠基。

自 1949 年 9 月至 1951 年底，先后征集 100 多个人民英雄

人民英雄纪念碑与毛主席纪念堂

纪念碑的设计方案，广泛征求意见，最后归纳为高耸塔形碑体和低矮影壁形碑体两种。经审议决定选用塔形碑体方案，由梁思成主持定稿。至于碑顶造型仍有争论，最后决定暂定四角攒尖顶形式，顶部不设宝瓶，如果建成后觉得不好以后还可更改。纪念碑于1952年8月1日开工，1958年5月1日落成揭幕。

天安门广场自开国大典后，不断有所整治。首先，东西三座门严重阻碍长安街交通，游行队伍也难以顺畅通过，鉴于其是皇城丁字广场的组成部分，有一定文物价值，因而公安交通部门与建筑专家对存废意见不一致。1952年8月，经市人民代表大会表决通过才予拆除，但拆下来的材料决定暂时保留在劳动人民文化宫内，以备如果实践证明其有误，则可弥补。1952年国庆前夕还把观礼台改为永久性看台。

1955 年天安门广场第二次改建，拆除了沿公安街和西皮市的东、西两道大墙，广场面积扩展了近 1 公顷，天安门前的榆槐树换植油松，广场铺砌了混凝土方砖。

在研究编制北京城市总体规划的同时，规划部门一直在研究广场的改建、扩建方案。1950 年至 1954 年间，陆续做了 15 个方案，曾在华北城市建设展览会上展出。当时对广场的性质、规模，对旧建筑的处理及广场尺寸都有不同意见，归纳起来有以下 4 点。

1. 广场的性质。一种意见认为天安门象征我们国家，广场周围应以国家主要领导机关为主，同时建立革命博物馆，使它成为政治中心。另一种意见认为广场周围应以博物馆、图书馆等建筑为主，使它成为文化中心。

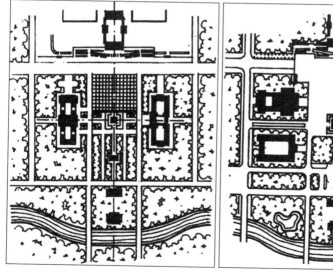
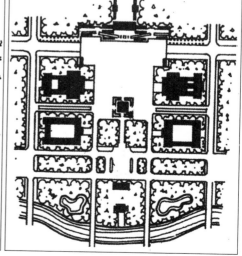

第10号方案　　　　　　　陈植等设计的方案

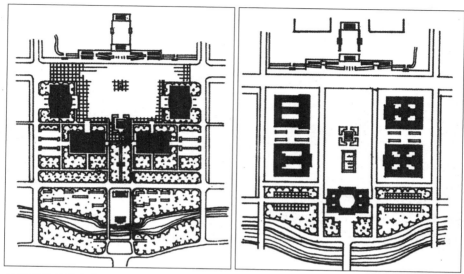

赵深等设计的方案　　　　　　　　刘敦桢等设计的方案

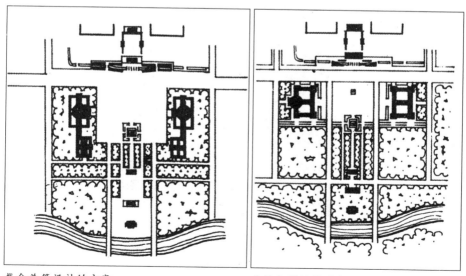

戴念慈等设计的方案　　　　　　　毛梓尧等设计的方案

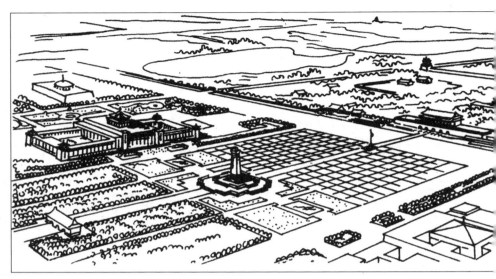

张镈等设计的方案

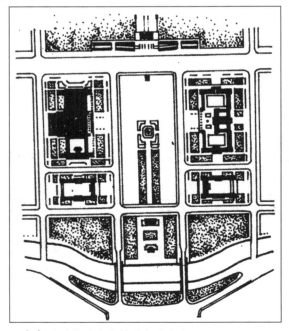

北京市规划管理局编制的实施方案

2. 广场周围的建筑规模。一种意见认为天安门广场代表我国社会主义建设的伟大成就，在它周围甚至在它前边或广场中间应当有些高大雄伟的建筑，使它成为全市建筑的中心和高点。一种意见认为，天安门和人民英雄纪念碑都不高，其周围建筑不应超过它们。

3. 对旧有建筑的处理。一种意见认为旧有建筑（正阳门、箭楼、中华门）与新时代的伟大建设比较起来是渺小的，在相当时期后，必要时它们应当让位给新的高大的足以代表社会主义、共产主义的新建筑。一种意见认为旧有的建筑是我国的历史遗产，应当保留。

4. 广场大小问题。一种意见认为天安门广场是我国人民政治活动和游行集会的中心广场，应当比较大，比较开阔（30 公顷至 40 公顷）。一种意见认为从建筑比例上看广场不宜过大（20 公顷至 25 公顷即可）。

但是，第一轮方案广场普遍偏小，没有完全摆脱丁字形广场的约束。

1955 年成立都市规划委员会以后，在苏联专家指导下又编制了 10 个方案。与前一轮方案相比，比较注重新旧建筑体量尺度的协调；广场中间类似苏维埃大厦的高大建筑取消了，广场中的建筑高度一般不超过天安门。天安门与正阳门都保留了下来，有 5 个方案广场宽度大体保持在东、西三座门之间的距离（500米左右），长度为天安门南墙至正阳门北墙（860 米左右），北部为游行集会广场，南部为绿化广场，在两个广场的结合部安排人民大会堂、博物馆等公共建筑，办公楼安排在广场两侧。其中一个方案在广场内搞一个三合院柱廊，向天安门开口、正阳门方向封闭，把天安门与正阳门之间的视线切断。有 5 个方案除了集会广场外把绿化广场缩窄，中间除安排文化建筑外还安排了办公楼。跨护城河的桥有的是一桥方案，把桥放在轴线上；有的是两桥方案，把桥放在轴线两侧。这些方案在 1956 年与总体规划初步方案同时展出，各方面意见不尽一致，多数认为，广场要开敞一些，大体保留丁字形广场的形式。

1958 年 8 月，中共中央政治局扩大会议在北戴河举行，决定为庆祝中华人民共和国成立十周年，在北京建设包括万人大礼堂在内的重大建筑工程。万人大礼堂的地点选在天安门前，同时改建天安门广场。同年 9 月 5 日，北京市副市长万里在北京市人民委员会会议上传达了中央筹备建国十周年的通知，要求在中华人民共和国成立十周年到来之前，改建好天安门广场，并完成包括人民大会堂、中国革命博物馆和中国革命历史博物馆在内的十大建筑。新一轮方案研究又开始。当时有两个前提已确定，一是彭真传达毛泽东主席的指示，广场尺度要大，天安门广场宽度定为 500 米。二是广场两侧分别建万人大会堂和革命博物馆、历史博物馆。经过反复筛选与归纳，选定了 7 个代表性的方案供中央审查。经周恩来等中央领导审议，总感觉大会堂与博物馆体量太小，与广场的大尺度不协调。此后又经过建筑设计与广场规划方案的多次反复，最后决定把人民大会堂的体量扩大到现有尺度，并把革命博物馆和历史博物馆合并成一栋大建筑与人民大会堂相对应。广场东西宽 500 米，南北长 860 米，由市规划局按此意图制定综合方案报请中共中央政治局审查批准后实施。

改 建

天安门广场始建于明永乐十八年（1420年），整个广场呈"T"字形，占地11公顷，位于承天门（清改称天安门）以南。广场外缘围以红色宫墙，东西两端分别建长安左门与长安右门，向南突出的部分接通大明门（清改称大清门，辛亥革命后改称中华门），墙内是千步廊，墙外是（明、清）中央官署"五府六部"所在地。红墙和宫门构成封闭的空间，显示封建皇权至高无上的尊严，成为皇宫禁地。辛亥革命后，于1912年拆除了长安左门、长安右门，仅留门洞，使东西长安街得以通行。

1913年拆除了千步廊，当时整个广场除天安门至中华门之间有一条10米宽的石板道外，均无任何铺装。以后历经北洋军阀、日伪政权和国民党统治，天安门广场环境每况愈下。至中华人民共和国成立前夕，广场内垃圾如山，野草遍地，一片凄凉衰败景象。

为迎接开国大典，北平市人民政府于1949年9月实施了对天安门广场的第一次整修。都市计划委员会和建设局承担了第一次规划任务，其中最重要的是选定广场旗杆的位置和人民英雄纪念碑的位置。天安门广场的整修工程包括清除天安门城楼上的杂草，粉刷全部台柱、大墙，修建高22.5米的旗杆和基座，修建6座观礼台，整修天安门前玉带河的栏杆和护墙，清运堆积于天安门广场的垃圾并平整碾压广场5.4万平方米，修建沥青路面1626

天安门广场（从中华门向北看　1950年摄）

平方米。旗杆的位置选定在长安街南侧丁字形广场南墙东西连线与南北中轴线的交叉点上。限于当时的条件，旗杆是由三根不同粗细的自来水管焊接而成，并安装了电动升降装置，旗杆四周是汉白玉护栏。广场整修工程于9月1日开工，9月30日全部完工，保证了开国大典的顺利进行。

　　1950年，拆除了长安街南侧的花墙和公安部街北口的"履中"牌坊、司法部街北口的"蹈和"牌坊，扩大了广场北部的范围。1951年，为满足国庆游行需要，对广场北部进行了表层加铺路面。同时平垫了广场，油绘了检阅行列线。1952年，拆除了东、西三座门并向南拓宽，平整、碾压新拓广场7720平方米，同时修缮了天安门南段红墙和天安门前石板道路。1955年，拆除了广场北部两侧的红墙，铺筑混凝土大方砖3.38万平方米。1957年，拆除了广场南部两侧红墙。

　　为纪念在人民革命战争、民族解放战争和民主运动中牺牲的人民英雄，颂扬他们的革命业绩，全国人民政治协商会议第一届全体会议通过了在首都天安门广场建立人民英雄纪念碑的决议。人民英雄纪念碑的位置曾选了三处，一处是现定位置，在东绒线胡同轴线延长线与南北中轴线的交叉点上，位置比较适中，大体在天安门与正阳门中间偏北 12 米处；一处偏北，离天安门、旗杆较近；一处偏南，在中华门与正阳门之间，离天安门较远。最后周恩来总理亲自审定，采用位置适中的方案。1949 年 9 月 30 日下午，毛泽东主席率全体政协委员，在天安门广场庄严地举行了纪念碑奠基典礼。纪念碑位于天安门墙基以南 436 米的中轴线上，外形设计具有中国建筑传统的独特风格，碑基面积 3000 平方米，碑高 37.94 米。碑身正面镌刻毛泽东主席书写的"人民英雄永垂不朽"8 个镏金大字，背面为周恩来总理书写的碑文。纪念碑工程于 1952 年八一建军节正式开工，1958 年 4 月竣工，5 月 1 日举行纪念碑揭幕典礼。在施工过程中，拆除了纪念碑以南的中华门，天安门广场的封闭式格局不复存在。

20 世纪 50 年代曾多次对天安门广场进行改扩建。天安门广场的规划方案从开国大典准备开始，一直是规划部门的一项重点工作。1950 年至 1954 年，陆续做了 15 个方案，这些方案曾在华北城市建设展览会上展出。当时对天安门广场的性质、规模，对旧建筑的处理以及广场的尺度等问题，展开了热烈讨论。鉴于当时中华人民共和国刚刚成立，面对城市的破败落后面貌，大家都有急于改造的迫切心情，普遍存在新的要超过旧的愿望，而对如何区别精华与糟粕、如何保护历史遗产还缺乏深刻的认识。再加上受莫斯科建设的影响，在 15 个方案中有 10 个方案把类似莫斯科苏维埃大厦的高层建筑放在中华门、正阳门或前门五牌楼的位置上。

1956 年，规划部门在前一轮方案的基础上，又编制了第二轮方案，并在市人委举办的城市规划展览中展出，当时恰逢党的"八大"在京召开，刘少奇、周恩来、朱德、邓小平等中央领导，各部部长及来京参加大会的各国共产党领导人陆续到展览会参观。这一轮规划比前一轮规划更加成熟，广场中类似苏维埃大厦那样高大的建筑取消了，在新旧建筑结合上比较注意体量尺度的协调，天安门与正阳门都予以保留，箭楼则有的方案提出保留，有的方案提出拆除。天安门的中心位置比较突出，广场中的建筑高度一般不超过天安门。有两个方案广场的宽度大体保持在东、西三座门之间的距离（500 米左右），长度为天安门南墙至正阳门北墙（860 米左右），北部为游行集会广场，南部为绿化广场，在两个广场的结合部安排大会堂、博物馆等公共建筑，办公楼安排在广场两侧。

1958 年 8 月，中共中央政治局扩大会议在北戴河举行。会议决定，为庆祝中华人民共和国成立十周年，在北京建设一批包括万人大礼堂在内的重大建筑工程，万人大礼堂的地点选在天安门前。

同年 9 月 5 日，市人委召开会议，市委书记、副市长万里传达了中央关于筹备庆祝建国十周年的通知，要求在建国十周年到来之前，改建好天安门广场，建好大会堂、革命博物馆、历史博物馆、民族文化宫、科技馆、国家剧院等十大公共建筑。为此，又开展了新一轮的天安门广场和长安街规划编制工作。根据党中央审定批准的天安门广场规划方案，广场面积从 11 公顷扩大到 40 公顷，东西长 500 米，南北长 860 米，广场地面铺装水泥混凝土大方砖，并新建华灯灯座，长安街及广场范围内架空杆线全部改为暗埋。

1958年10月开始准备，1959年1月至3月工程陆续开工，修建了天安门广场、游行大道和广场东、西侧路及人民大会堂西、南侧路等。天安门广场工程北起游行大道南缘，南至人民英雄纪念碑，东起广场东侧路，西至广场西侧路，除广场北端国旗基座至人民英雄纪念碑之间铺筑8米宽的石板路外，全部铺筑水泥混凝土大方砖。游行大道工程东起南池子南口，西至南长街南口，总长1239米，宽80米，天安门前392米道路铺筑花岗岩石板路面，其余部分铺筑沥青混凝土路面。广场东侧路长355米，宽30米；广场西侧路长433米，宽30米；人民大会堂西侧路长426米，宽28米；人民大会堂南侧路长371米，宽20米。4条道路全部为沥青混凝土路面，游行大道及广场东、西侧路等道路的外侧铺装了人行步道方砖。为配合天安门广场及其周围建筑工程的需要，同期还于游行大道北侧新建了北京市第一条综合管道。综合管道为东西长1070米、宽3.4米、高2.3米的砖砌可通行方沟。方沟内安置热力、电信、电力、广播等多种管线，并预留了上水管的位置。广场周围新建了雨水、污水、上水、电信、电力、照明、煤气、热力等8种管线，共长110公里。此外，还将玉带河护岸由370米（两岸）加长至500米，对金水桥和栏杆也进行了整修。1959年7月底完成全部石板道铺装，8月底完成其他路面铺装，9月10日场光地净，创造了施工的高速度。

毛主席纪念堂工程于1976年11月在天安门广场南部开工，

同时修建纪念堂广场和纪念堂东、西侧路并向南直到前门城楼，进一步扩大了天安门广场。新拓建的纪念堂广场东侧路北接原天安门广场东侧路，南至前门东大街，长 409.5 米，宽 30 米。以同样规格对称拓建了纪念堂广场西侧路。两条路均铺装沥青混凝土路面，其外侧铺筑方砖步道 5058 平方米。同期实施的市政管线工程除修建了东西向横贯广场的市政综合管道干线外，还敷设了纪念堂配套的煤气、热力、给水、排水、电信等各种管道 70 多公里。毛主席纪念堂竣工后，天安门广场面积扩大到 50 万平方米，整个广场开阔庄严、气势恢宏。

进入 20 世纪 80 年代以后，对天安门广场又进行了两次较大规模的整治。1983 年 4 月，市政府决定拆除玉带河南岸金水桥两侧的 4 座灰色观礼台，新辟总面积为 5000 平方米的 4 块绿地。1987 年，在天安门广场的东北角、西北角各建地下人行通道 1 座，通道呈"L"形，分别由主通道、副通道、3 个进出口和 2 个轮椅坡道组成，使用面积 2480 平方米。通道建成后，行人可以安全快捷地进出天安门广场，从而解决了天安门前行人横穿东西长安街与机动车干扰的问题，提高了道路通行能力。

开国大典时，天安门旗杆的底座用汉白玉栏杆围合，没有留出入口，每天举行升旗、降旗仪式时，值勤战士要跨栏杆进入。因此，中央领导指示研究改造方案。鉴于这里是开国大典第一面五星红旗升起的地方，旗杆本身具有重要文物价值，因此能否改动，颇费斟酌。经过多方案比较，决定仍维持汉白玉栏杆的造型，增开出入口，旗杆从 22 米加高到 30 米，并采用无缝钢管制作，改造工程于 1991 年 5 月 1 日前完成，原来的旗杆送革命博物馆保存。

　　1998 年，天安门广场改造工程规模较大，整个广场从长安街到前门全部铺成花岗石，并在东、西两侧各修建一块 30 米宽、160 米长的绿地，广场东西两侧的步道也都改为花岗石铺砌。整个工程从 1998 年 1 月开工到 1999 年 6 月底全部完工，广场周围的建筑都进行了装饰和刷新，夜景更加辉煌，天安门广场更加庄严美丽。

节日的天安门广场（1994年）

长安街规划

规　划

东西长安街作为与传统南北中轴线相垂直的最重要的干道，它的规划与建设一直是总体规划实施中的一件大事。从 20 世纪 50 年代初进行天安门广场规划的同时即开始研究长安街的规划，总体规划始终把长安街作为体现政治中心、文化中心的最重要的街道进行规划和建设。

最早建设长安街的设想是在 1949 年底、1950 年初由苏联专家提出的，认为新的行政用房可在东单至府右街南侧和东单广场上修建。当时遭到梁思成、陈占祥的反对，梁、陈认为沿街建长蛇阵式的办公楼提高人口密度，增加交通量，车辆无处停，且办公楼沿街与尘土、噪声为伍，是欧洲式街道的落后做法，实不可取。但是，鉴于当时中央机关急需用房，而东交民巷北部沿长安街南侧原侵华各国之练兵场却成为不可多得的空地，因此在此相继建了公安、纺织、燃料和外贸各部办公大楼。

对于长安街道路红线定多宽、断面采用何种形式也是 1953 年、1957 年总体规划方案认真研究的问题之一。当时北京市委、市政府从伦敦、东京、巴黎、纽约等一些大城市交通拥挤的教训出发，主张把马路搞得宽一些，长安街定为 100 米至 110 米。对此，彭真在 1956 年市委常委扩大会议关于北京城市规划问题的讲话中专门谈了这个观点。它的断面形式，主要从战略考虑，当时正处于抗美援朝后期，马路宽一点，一旦战火蔓延既可作为南北两地区的隔离带，同时，必要时也可作为直升机的起降跑道。因此，1958 年打通展宽长安街时，断面形式否定了快慢车分行、中间有绿化间隔的三块板形式，定为一块板的形式，以避免绿化阻挡长安街开阔的空间。鉴于此，挡在街心的双塔寺无法保留只好拆除。为了在马路宽度上保留更多的余地，市委决定在长安街上安排建筑时先由北侧开始，因此，电报大楼、水产部大楼、民族文化宫、民族饭店，以及当时未建成中途下马的西单百货大楼、科技馆、长话大楼都放在长安街北侧。

1964 年，中央批复了李富春的报告后，长安街改建规划又提到议事日程上来。北京市决定对长安街上原安排国庆工程时已

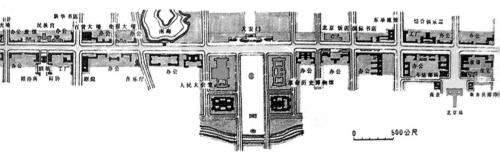

1964年长安街规划综合方案

通过拆迁腾出的两片空地（西单东北角和方巾巷东科技馆原址）
首先建百货大楼和办公楼。为此，在万里副市长主持下，市政府
发动了市规划局、建筑设计院、工业建筑设计院、清华大学、建
筑科学研究院、北京工业大学等6个单位分别编制规划方案，并
于1964年4月10日至18日，邀请各地知名建筑专家前来参加
对规划方案的审核、评议，并在会后留下赵深、杨廷宝、林克明、
陈植、汪原沛等5位专家和在京参加编制方案的6家单位编制共
同方案报市政府。

这次会议确定的长安街规划的指导思想是：

1. 长安街除了建办公楼外，可多建一些商业服务设施，长安
戏院、东单菜市场等也要保留下来，要严肃与活泼相结合。

2. 长安街应该体现"庄严、美丽、现代化"的方针，沿街建
筑以30米以上、40米以下作为建筑高度的基调。长安街布局要
有连续性、节奏性和完整性，其轮廓应简单、整齐，不要有急剧
的高低变化。在适当位置，如东单、西单、复兴门和建国门建几
个高点。建筑轴线过多会冲淡天安门的主轴线，要从整体布局出
发来安排个体建筑。新华门对面不宜搞大型高层建筑，宜安排体
量小、层数低、人流少的建筑物，多留一些绿地。

3. 在建筑风格上，主要是民族化和现代化问题上，一般认为
要在现代化基础上民族化，应当力求简洁而不烦琐，轻快而不笨
重，大方而不庸俗，明朗而不沉闷，应当采取批判的态度以使古
今中外皆为我用。

4. 在建筑标准问题上，北京是6亿人民的首都，特别是长安街，

是全国、全世界所关心的，劳动人民也愿意把长安街搞得好一些。所以这条街的标准应该高一些，要盖就盖好一些。但少数人认为建筑标准不应与人民生活水平脱离太远，十年大庆，搞十大建筑是倾国倾城，现在规划建筑不比大会堂小，50多幢建筑5年建完，是否还要倾国倾城？认为北京是样板，如果弄得浮夸就失去榜样作用。

后因"文化大革命"，这一规划就此不了了之。

1982年《北京城市建设总体规划方案》得到中央原则批准后，万里指示北京要及早制定长安街建设规划方案报请中共中央、国务院审定。

1984年春，首都规划建设委员会组织了城乡建设环境保护部的建筑设计院和城市规划设计研究院、清华大学建筑系、北京工业大学建筑系、北京建筑工程学院建筑系、北京市规划局和北京市建筑设计院等单位参与规划方案的编制。在各单位编制方案的基础上，邀请了在京的城市规划、建筑设计、文物保护、雕塑

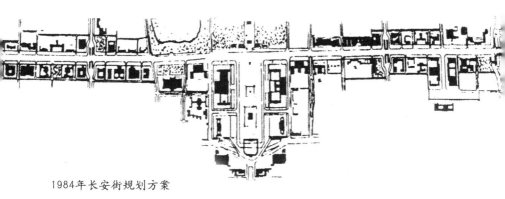

1984年长安街规划方案

艺术等各方面的专家、教授多次座谈、讨论修改长安街建设规划，于 1984 年 12 月提出了综合方案。经首都规划建设委员会和北京市委、市政府讨论，原则同意。1985 年 8 月 19 日，以市委、市政府和首都规划建设委员会的名义撰写《关于天安门广场和长安街规划方案的报告》正式上报中共中央、国务院。

该方案确定的规划原则是：

1. 要充分体现首都是全国政治中心和文化中心的特点。主要安排党和国家的重要领导机关、重要文化设施和大型公共建筑，并要为重大集会活动创造条件。

2. 要继承和发扬北京历史文化名城的优良风格和建筑艺术传统，并力求有所创新，既要现代化，又要民族化。

3. 要继续保持北京旧城中心地区格局严谨、空间开阔、建筑平缓的传统风格，新建筑高度要严格控制。

4. 要贯彻"庄严、美丽、现代化"的建设方针。尽量扩大绿地，充分植树栽花，使建筑物处在绿荫环抱之中，街道阳光透照，建设标准应该符合世界第一流水平的要求。

5. 要为过往的各方人士和广大群众办事、游览、休息等需要提供周到、方便的服务。

6. 要把现代化城市所需要的各项基础设施的建设放在优先地位，安排在建筑施工之前。

该方案的总体规划设想是：长安街红线宽 120 米，天安门广场东西宽 500 米，南北长 860 米。东单到西单建筑高度控制在 30 米以内，东单以东、西单以西控制在 45 米以内。保护府右街到南河沿的红墙，北部不建高大建筑，均匀开辟成片绿地，在紫禁城、东单公园、北京饭店对面、新华门对面、西单东北角、民族文化宫对面开辟大块绿地，各建筑之间留适当空隙绿化。前门、王府井、西单与长安街交会处适当安排商业服务业，广场内和沿街公共建筑底层应向社会开放，天安门广场北部地下空间作为停车场和设立小商店等服务设施。长安街两侧辅路多设服务网点，方便群众。以旧城中轴线为天安门广场主轴，北京站前、新华门和民族文化宫为3条副轴线。东单、西单、建国门、复兴门为4个交通广场。

对天安门广场和东西长安街各项建筑物及近期建设内容分别做了具体安排，并对路面形式、交叉口与停车场、辅路、地铁车站等交通设施和市政管线安排等问题均提出了具体方案。规划长安街总建筑量370多万平方米，其中新建建筑面积约300万平方米，需拆除房屋115万平方米，需拆迁房270万平方米，安置被迁单位和居民。

2017年《北京城市总体规划》进一步明确，长安街及其延长线以天安门广场为中心东西向延伸，其中复兴门到建国门之间长约7公里，向西延伸至首钢地区、永定河水系、西山山脉，向东延伸至北京城市副中心和北运河、潮白河水系。完善长安街及其延长线。长安街及其延长线以国家行政、军事管理、文化、国际交往功能为主，体现庄严、沉稳、厚重、大气的形象气质。

改 建

元朝时，长安街的位置是大都城南城墙的位置。明朝建成紫禁城、皇城和明北京城的内城后，南城墙向南推移两里，原来元大都城墙变成了街道，这是最早的长安街。从东单到西单，全长3.7公里，东西有长安左门、右门，不能通行。1912年，拆除长安左门、右门，长安街通行，当时天安门广场是由红墙和宫门构成的一块"T"形的皇宫禁地，称千步廊，两侧是封建中央官署"王府六部"所在地。1913年拆除千步廊，1924年至1930年东西长安街上有了有轨电车。1939年在城墙上开辟了"启明"（今建国门）和"长安"（今复兴门）两个城墙豁口，后又修建了建国门至西大望路和复兴门至玉泉路两条东西延长线。

1949年时，从东单到南长街附近为宽15米左右的沥青路并有部分慢车道，从南长街以西到西单为宽12~24米的沥青路，从东单到西单有一条有轨电车线经过。东单至建国门是经过裱褙胡同和观音寺胡同两条各宽5米的小路分上下行相通，建国门至大北窑以东为宽7米的路面；西单到复兴门是经过旧刑部街和报子胡同两条各宽5米的小路分上下行相通，复兴门至公主坟以西为上下行各宽6米的两幅路，中间有旧民房。

长安街的规划和建设一直得到毛泽东、周恩来、邓小平、彭真等中央领导的关怀和指导，全国知名的建筑师、规划师、广大建设工作者以极大的热情在不同阶段参与了规划建设。长安街是北京乃至全国规划建设次数最多的一条街。

　　长安街形成比较完善的规划方案是在1964年。当时国民经济进入新的发展时期，市人民委员会根据中央指示编制第四轮规划。方案提出长安街应该体现"庄严、美丽、现代化"的方针，除办公楼外，可以建些商业服务业设施，沿街建筑高度在30~40米之间，建筑风格应在现代化的基础上民族化，建设的标准应高一些。

　　"文化大革命"期间，长安街的规划被搁置。"文化大革命"之后，万里同志恢复工作，根据中央指示，组织编制长安街规划方案并上报党中央、国务院，到1983年共编制了7个方案，经讨论、修改，完成了天安门广场和长安街规划综合方案。方案明确了天安门广场和长安街的性质，规定了建设内容、建筑的布局、高度、体量、风格以及绿地的配置、交通的组织及现代化设施的要求。最重要的规划原则是两侧的建筑要体现政治、文化中心的城市性质，安排国家机关和大型公共设施。道路红线宽度为100~120米。以天安门广场为中心，两侧建筑的高度由中心向外分别控制在30米、45米、60米，复兴门、建国门之外可以再高一些，形成中心低、向外渐高之势。

道路交通建设

　　1950年6月至9月，为迎接中华人民共和国第一个国庆日，兴建了林荫大道工程。工程东起东单路口，西至府前街东口，全长2.4公里。在原15米宽沥青路的基础上，南河沿以东的北侧和南河沿以西的南侧各修一条15米宽的新路。新路与旧路之间的隔离带中行驶有轨电车，沿路种植4排高大乔木，形成规模可观的林荫大道。修建林荫路时拆除了长安街南侧花墙和长安左、右门的三座门（门洞还保留）以及"履中""蹈和"两座牌楼。

1952年8月，为国庆游行和疏导交通的需要，拆除了长安左、右门门洞。1954年8月，拆除了西长安牌楼和东长安牌楼。

1953年3月至10月，展宽了建国门至西大望路，路面由7米展宽到10米。

1955年西长安街展宽。工程东起南长街南口以西，西至西单路口，长1133米，形成一条宽32~55米的一幅路。

1956年5月至11月，打通长安街向西道路，修建西单至复兴门段工程，建成35米宽的沥青混凝土路。

1957年5月至11月，实施了复兴门至木樨地道路展宽工程，将原两幅路的北侧，从6米展宽至17米。

1958年，打通长安街向东道路，修建东单至建国门宽35米的沥青混凝土道路。

1958年至1959年扩建建国门至八王坟的道路。从原来10米宽的路面扩建为30米宽，之后两侧又加铺了各宽7~8米的非机动车道。

1959年5月至9月，国庆十周年前，将南池子至南长街段扩建为宽80米的游行大道，南池子至东单路口地段扩建为44~50米的沥青混凝土路面，新华门以东至南长街段道路也相应展宽。至此，东起建国门、西至复兴门的长安街全部拓宽为35~80米的通衢大道。

1969年复兴门至石景山地铁主体工程完工后，在复兴门至公主坟地铁加强层上面修建了 35.2 米宽的水泥混凝土路面。

自 20 世纪 70 年代末开始，在长安街及其延长线上先后兴建了大北窑立交、建国门立交、复兴门立交、公主坟立交和木樨地立交，并于 1987 年在天安门广场北边修建了人行过街地下通道，解决了行人横穿长安街问题。自 90 年代起在长安街及其延长线上陆续修建了一些人行过街天桥和地下通道，从而满足了不同时期交通发展的需要，保证了车辆和行人安全。

地下管线建设

长安街是北京乃至全国地下管线最齐备最先进的一条街。1950 年随着长安街上修建林荫大道，相应的在道路下边增修了雨水管。1955 年，展宽西长安街道路，在路面或步道下修建了雨水干管和污水管。

1959 年建成了自第一热电厂向西经建国门、天安门到民族饭店的第一条热力干线，全长 10 公里。同时还完成了由热力干线到人民大会堂、革命历史博物馆、北京火车站、民族文化宫和民族饭店等建筑的热力支线和热力点的工程。

1959 年 2 月，煤气干线工程正式开工。干线东起焦化厂，向西经西大望路、建国门、东西长安街直至民族饭店。1959 年底开始向人民大会堂、革命历史博物馆、民族文化宫、民族饭店等大型建筑陆续供气，从此结束了北京市没有大型煤气设施的历史。

1959 年，在天安门南、长安街北侧新建了北京市第一条综合管道。综合管道为东西长 1070 米、宽 3.4 米、高 2.3 米的砖砌可通行方沟。方沟内铺装热力、电信、电力、广播等多种干线，并预留了上水管的位置。在广场的周围及长安街沿线新建了雨水、污水、上水、电信、电力、照明、煤气、热力等 8 种管线，共长 110 公里。

1978 年，第二热电厂开始对外供热。此前，开始建设热力干管，其中一条是经白云路沿复兴门外大街向西经木樨地向北，另一条是经白云路沿复兴门外大街经复兴门至劳动人民文化宫与先前建成的第一热电厂热力干线连通，全部工程于当年 11 月建成并投入使用。

长安街两侧建筑

长安街上的建筑精品荟萃，集中体现了政治、文化中心的城市性质和各种城市功能。这条街上有 20 世纪 50 年代十大建筑中的六座：人民大会堂、革命历史博物馆、民族文化宫、民族饭店、军事博物馆、北京火车站。有 80 年代十大建筑中的两座：中央电视台、北京国际饭店。在 1994 年首都新建筑——群众喜爱的具有民族风格的新建筑评选中，这些建筑入选前 50 名。可以说，长安街是北京优秀建筑最集中的地方。

长安街两侧的建筑在近 50 年的建设中基本上是按规划建设的。20 世纪 50 年代建设了中国轻工总会、北京火车站、人民大会堂等 18 座建筑；60 年代建设了京西宾馆、纺织总会、华鹰大厦等 3 座建筑；70 年代建设了友谊商店、毛主席纪念堂、国家海洋局等 10 座建筑；80 年代建设了建国饭店、中央电视台、海关大楼等 24 座建筑；90 年代建设了交通部、中国银行等 38 座建筑。

从现有建筑性质看，体现政治中心性质的建筑有党中央、国务院、全国人大常委会、军委大楼、公安部、外经贸部、内贸部、铁道部、交通部、广播电视部、海关、全国妇联、纺织进出口总公司、海洋局、贸促会、中华全国总工会等部级办公设施。体现文化中心性质的有故宫博物院、中国历史博物馆、中国革命博物馆、军事博物馆、工艺美术馆、劳动人民文化宫、民族文化宫、北京音乐厅、中山音乐堂、首都电影院、长安大戏院、古观象台等。

长安街两侧建有各类大型公共设施，集中了大都市的各种城市功能。交通设施如北京站、北京西站、民航售票大楼；电信通信设施有北京邮局、北京电话局、电报局和长途电话局；大型传媒有中央电视台、北京广播电台、《北京日报》和《北京晚报》等；商务、会议及住宿有北京饭店、国际饭店、长富宫饭店、建国饭店、燕京饭店、国贸中心、中服大厦、航天大厦、东方广场、中粮广场、城乡贸易中心等。

中华人民共和国成立 50 周年综合整治

1998 年 10 月，北京市委、市政府受国务院委托做出决定，成立长安街及其延长线整治办公室，对这条街进行中华人民共和国成立以来规模最大的全面整治。近 50 年来的成果为全面整治长安街打下了良好的基础。全面整治长安街及其延长线的前提是按规划拆除各类违法建筑、临时建筑，还有部分地段的民房、商业店铺，还要迁移一些公共场站。

长安街及其延长线是横贯城市东西的交通主干线，所以下大力量整治了交通。首先是确保历时 10 年的地铁复八线工程在

1999 年国庆前通车，该工程与地铁一线一期工程连通，成为长安街及其延长线的主要公共交通干线。同时拓宽了多年未解决的东单、西单路口，形成路口四角禁左绕行环路。东单至建国门两侧是建筑最多的地段，改造后按永久规划实现了 120 米红线，断面三幅路 50 米宽路面。还延长了地下过街通道，增建三座地下过街通道。完成了大北窑立交桥匝道，历时多年的大北窑道路工程终于画上了句号。这些改造工程大大改善了交通环境，满足了车流、人流的需要。同时还完善人行道，加宽了地下通道旁过窄的步道，完善了盲道系统，路口处设置了软道牙，方便了残疾人和老人、儿童行走。改造后，复兴门至建国门之间人行步道宽一律 6 米以上，两门之外宽一律 4.5 米以上；原来没有步道的路段，一律补修 2 米宽的步道，步道上铺装了同种红色彩砖。

长安街（1994年）

伴随道路的改造，将地上的各种架空线如电灯线、电话线、高压线等全部入地，线杆拆除，亮出天空和两侧建筑。同时，增埋了热力、供水、光缆等部分地下管线。

整治绿化用地，增加绿化面积。在道路两侧、人行步道和建筑之间，建成了一条绿化带，最窄的地方也大于 6 米，总长超过 26 公里。绿化整治中完善和调整了有北京特色的行道树系统，精心设计了建筑物前的绿地，大面积种植了耐寒草坪，有计划地调整了树种，增植了大规格的银杏等观赏乔木。在这条绿化带上，还新建或整治了 20 多处集中绿地和文化体育广场，新增了喷泉 20 多处，新增雕塑 10 余座。

对两侧建筑从建筑立面、夜景、绿化、环境、无障碍设施、广告、环境整治和门前治理等 8 个方面进行了整治。所有的建筑立面都重新装修或粉刷，面貌焕然一新。建筑院墙内外的临时建筑全部拆除，原来封闭的楼前院落全部打开，对外开放，围墙换成透空的栏杆。重点整治了机动车停车场，拆除了所有的广告。每个建筑都做了夜景照明设计，设计了一般节日和重大节日两种方案。

整治长安街及其延长线的设施，坚持了标准化、现代化和与国际接轨的原则。果皮箱、电话亭、邮筒、报刊亭、座椅、公共汽车站牌、路名牌和路灯及步道砖都采用了统一的样式、同一种产品。

为迎接中华人民共和国成立 50 周年而进行的长安街及其延长线综合整治取得了成功，受到国际友人、社会各界和广大群众的好评。其后不久，市委、市政府决定按照同样的标准和原则，继续延伸长安街及其延长线的整治范围，向东延伸到通州，向西延伸到首钢东门，全长 46 公里。在 1998 年至 2000 年的整治中，全线共拆除建筑 80 多万平方米，其中拆除民房 4000 多间，红线范围内的临时建筑全部被拆除。市公交总公司先后搬迁了位于箭楼北侧、大北窑东侧的两个公交车终点站，迁走了 20 多条线路的站场设施，实现了前门箭楼周围的绿化，畅通了建国路。通过整治，长安街全线共新增绿化面积 131 万平方米。其中，第一期增加绿化面积 15 万平方米，第二期增加绿化面积 116 万平方米，新增加的绿化面积主要在石景山区和朝阳区，到 2000 年全线共有绿地约 300 万平方米。

北海大桥改建

横贯北海与中海间的北海大桥，是 1955 年在金鳌玉蛛桥原址改建的。金鳌玉蛛桥位于北海和中南海之间的风景区中，原是宫廷园林内的一座拱桥。最初为木结构，中间可随时吊起，以便封建帝王的龙舟从桥下通过，明嘉靖年间始将木桥改为石桥。清乾隆年间，又将该桥重加修整。该桥桥面为花岗岩条石，两旁有汉白玉栏杆，下设九孔。桥呈拱形，远望如一道长虹，造型十分优美。桥两端各有一座牌坊，西边的叫"金鳌"，东边的叫"玉蛛"，故名金鳌玉蛛桥。

　　由于桥两端的牌坊紧紧卡着行车通道，东邻团城，严重影响行车视线。桥面狭窄，宽度仅 8.5 米，并且年久失修，坎坷不平。由于坡陡路弯，交通常常堵塞，也易发生交通事故。1950 年，整修和清挖中南海、北海，将北海大桥改建成 13 米宽，两旁加了汉白玉护栏，路面也都改用柏油浇注。但是随着经济的发展、人口和车辆的增加，新改建的北海大桥已远远不适应交通的需求。特别是桥东头的玉牌楼，紧挨着团城，车辆绕团城开到这里，稍不注意，就会发生车祸。因此，该桥成为现代城市交通的一大障碍。为了解决日趋拥堵的城市交通问题，党和政府决定改建金鳌玉蝀桥。

　　由于北海大桥位于风景名胜区内，东面紧邻团城，又正处于干道转弯处，因此如何保持旧桥原有风格，保护周围古建筑，并能做到交通顺畅，是改建方案研究的焦点。按规划要求，拟建的新桥需有 8 条车行线，加上两侧的人行道，桥总宽达 34 米，相当于旧桥宽度的 4 倍。选择新桥位置、处理好新桥与旧桥的关系，成为改建方案的主要问题。改建有一定难度，因为这不仅涉及古文物的处理，而且该桥所在的文津街又是规划中最优美的街道之一，既要考虑日益发展的交通需要，又须力求与周围景物相协调。所以从 1953 年下半年起，便多方征集改建金鳌玉蝀桥的设计方案，并将几个不同方案制成模型，广泛征求有关部门及专家教授的意见。1955 年，来京帮助编制总体规划的苏联城市规划专家组也参与了改建方案的研究，当时共有 4 种方案。

　　方案一：交通部门主张把团城和北海大桥拆掉，拓宽景山前大街，笔直向西延伸。

方案二：苏联专家提出，拆掉原北海大桥，在原位置建一座新桥。

方案三：梁思成与陈占祥提出，改造北海大桥应充分利用该地段景观丰富的特点，通过道路的对景、借景等手

改建前的北海大桥（20世纪50年代初）

法把北海、故宫和景山有机地结合在一起，在缓和交通状况的同时，改善该地段的景观及游览条件。根据这一指导思想提出如下方案：原金鳌玉蝀桥不动，在其南面再建一座新桥，将交通分为上下两条单行线，将两座牌楼移至两桥之间，南桥正对故宫角楼，并改造北海公园前门广场，增设酒楼等服务设施，沿景山公园西南墙设置廊子，便于游人休息观景。

方案四：梁思成又指导清华大学建筑系教师关肇邺对方案三加以改进，将新桥展宽，能容交通上下行，原金鳌玉蝀桥仅作为步行之用。

为讨论改建方案，由市人委召开过一次座谈会，与会者争相发言。会上有两种对立意见：一方是教授梁思成，另一方是局长曹言行。梁思成主张金鳌玉蝀桥原封不动，只在旧桥南面建一座新桥。曹言行主张拆除旧桥，即在旧桥原址改建新桥，不必两桥并列，叠床架屋，争论非常激烈。

上述几个改建方案都与团城有矛盾，不同程度地要拆掉团城的一部分。团城的地址在金代叫小圆岛，它与北面的琼华岛（琼岛）同时由人工筑成。金世宗在这里营建了大宁离宫，元初又在岛上建造了仪天殿。明代重新修葺，改名承光殿，并且改筑为砖城，这就是现在的团城。它与北海诸建筑构成一组严整的古代建筑群，具有历史价值。

1955 年下半年，由都市规划委员会直接领导，并取得在京苏联专家的协助，经反复比较研究认为，拆旧桥重建新桥的方案投资大，不经济，与周围古建筑也难协调；保留旧桥另建新桥方案，新桥无论建在旧桥南侧或北侧，都要影响桥头古建筑，破坏景观；旧桥展宽方案可取，对桥头古建筑影响较小，与周围建筑比较协调。周恩来总理亲自听取了汇报，又去团城实地踏勘后做出决定，保留团城，拆掉中海北面的蕉园门和福华门，将中海红墙南移，以便将马路展宽。

最后决定采用的旧桥向南展宽方案，尽管较其他方案与团城的矛盾较小，但如果桥东的道路与北海公园大门前的旧路接通，团城玉瓮亭以南部分就要拆掉，连古树也要砍掉。在研究过程中，多数人认为，在城市建设中既要保护古建筑，更要保护古树。古建筑还可以搬迁或重建，而古树砍掉后是无法恢复的。根据周恩来总理要保护古迹的指示，市人委决定以保留团城南侧的白皮松树为界，只将团城西南角切去一个弧形部分，最宽处为 4 米。桥东的道路绕团城后一直向东，与旧路平行，开辟宽 34 米的新路，到北长街口并入旧路。这样，团城基本不受大的影响，桥东的道路也能保持顺直畅通，而且北海公园大门前的新路以北原有24米宽的旧路可以用作停车场，解决了原来公园前停车场太小、自行车存放在旧路南侧影响干道交通、公园门前广场交通秩序混乱等一系列问题。

旧桥外观为九孔，实际上只有七孔通水，如旧桥向南展宽部分做成九孔大跨径混凝土桥，不但造价高，而且因桥下河水常流量不大，又不通航，多孔的大跨径桥是不必要的。为了节约投资，保持旧桥七孔的功能，将展宽部分改作大堤。用钢筋混凝土拱券向南延长，以保证北海向中南海输水的需要。在桥的南侧先筑起一垛混凝土挡土墙，在挡土墙与旧桥中间填土夯实。外观上，为了保持旧桥原貌，在筑挡土墙时按旧桥立面做出假拱，桥身再用青汉白玉石镶面，桥栏杆仍用旧料，等于将南栏杆的位置南移，除了桥面比旧桥宽并移走了两座石牌坊以外，其他都保持原样。这样既经济实用，又能取得与周围环境协调的效果。此外，在改建中还沿旧桥两端边孔埋设涵管保持通水，以保证水面清洁。而涵管经常在水位以下，不影响大桥的观瞻。

为了保证大桥东、西两侧各种地下管线的通畅，在改建方案中必须综合安排好地下管线。为此，在南人行道下面安排了电力管道、煤气和暖气沟。在北人行道下面安排了路灯电缆、无轨电车电力管孔、电信沟和自来水管。在车行道两侧的路面下安排了雨水管沟。当时煤气、热力在北京市尚未发展，预先安排这些管沟，可避免以后建设煤气、热力管道时增加困难。改建方案还特别考虑了环境景观的处理，桥上的照明设备是专门设计的，灯型既适合桥梁建筑的要求，又简洁美观，同时对桥南侧桥头的水岸护砌也进行了装修处理。

新桥于 1955 年开始动工，1956 年完成。改建后的新桥取名北海大桥，石结构改为钢筋混凝土结构，纵坡度由原来的 7% 降低为 2%，桥宽由原来的 8.5 米加宽到 34 米。改建前两辆汽车对开都有困难，改建后除了增加车行道外，还在两旁增设了人行道。因新桥已在旧桥原址向南拓宽 25.5 米，团城对行车视线的影响问题得到解决。桥头的牌坊已完全拆掉，上下桥的障碍也彻底清除。新建的北海大桥既改善了北京东西向干道的交通状况，又合理地保留了旧桥的风貌，与周围景物保持了协调。

北海大桥的改建堪称旧城改建中的成功范例，但在"文化大革命"中，将桥栏杆改为高大的铁栅栏，使景观受到破坏。

改建后的北海大桥

护城河疏浚

北京的护城河按其所处位置称北、西、东、前三门和南（又可称西南、东南）护城河，全长约 40.7 公里，担负着城市防洪排水和为工农业输水的任务。前三门、西、东和北护城河起始段共长约 18.8 公里，于 1965 年至 1985 年期间改为暗沟，其余河道已按规划建设成风景观赏河道。

北京护城河系明王朝在元大都护城河基础上改扩建而成。元大都北护城河为今北土城沟。明洪武元年（1368 年）八月，大将军徐达攻下大都城后，为便于防卫北方之敌，于洪武四年（1371 年）将北城墙南移至古高梁河外积水潭（原太平湖）和坝河（今北护城河）南岸，利用河道作天然屏障，因而形成了一个西部有斜角的城墙和北护城河，其他三面城池仍为元大都之城墙。后为宫廷建设需要，于明永乐十七年（1419 年）十一月将元南城垣向南移 2700 余米，同时挖了南城壕，即前三门护城河（已改为暗沟），东西护城河分别向南延伸与南城壕相接，向东汇入通惠河。以后多次疏浚，并在桥间建闸，遂成九闸。后来由于蒙古骑兵多次南下，威胁京城安全，于明嘉靖三十二年（1553 年）修筑了包围南郊一面的外城，同时挖有城壕，即今南护城河。

历史上北京的护城河除防御功能外，还承担城市排水和漕运功能（东护城河）。元朝为解决都城漕运用水，曾引昌平白浮泉水入高梁河（今长河），经积水潭、御河、元代南护城河入通惠河，南来船舶结队停泊在积水潭上。元朝郭守敬曾建议"立闸于丽正门西，令舟楫得环城往来"，后因其离任而未能实现，这是最早利用大都护城河漕运的规划设想。明、清漕船运输线路改沿东护城河至朝阳门附近，民国期间也曾考虑利用护城河通航的设想，1946 年，北平市工务局在《北平都市计划纲要》中提出："永远保留积水潭、什刹海、北海、中南海及前三门护城河等处河道湖沼，加以疏浚，通行游艇，沿岸开辟园林道路，使舟艇能由西郊穿行城内护城河以通达通县。"

中华人民共和国成立后，曾于 1950 年对充斥污水、垃圾的护城河进行全面疏浚，并对城市河湖水系进行多次规划。1953 年、1957 年、1959 年的城市总体规划中，除考虑护城河的防洪排水和为工农业输水功能外，还充分考虑了利用河道水面美化环境和航运的作用。1957 年、1959 年的总体规划中，前三门护城河水面规划宽度为 60 米，后改为 100 米，东护城河水面规划宽度 40 米（河底宽 30 米），后改为 80 米，市区形成由规划的京密运河，经南旱河、清河，至通惠河、京津运河构成的河网，并可把城市中心天安门同昆明湖、圆明园、玉渊潭和规划的清河水库联系起来，形成水面宽阔、风景秀丽、可以通航的花园河环。其他护城河也将建成可供居民游览的环城花园河道。1956 年修建永定河引水工程时，根据这一规划思想，将前三门护城河崇文门以东 1.4 公里河底加宽至 42 米，南北沟沿以西 1.73 公里河底加宽至 25~42 米。

为开展群众性游泳活动，修建了长 560 米的双河，规划考虑将来把斜坡护岸改为宽 60 米的直墙护岸。中间河道因拆房较多，只修建了局部护坡。

1959 年，曾有市领导提出，利用拆城墙的城砖，把护城河改建为暗沟，以增加道路路面，便利内外交通，同时避免大量城墙砖土外运。为此，市规划局根据中共北京市委指示，对护城河是否保留进行了研究，并向万里、冯基平和市委写了请示报告。报告明确提出，前三门护城河和东护城河是市区的主要输水河道，而且洪水量很大，不宜改为暗沟。关于西、北、南 3 条护城河，比较了两个方案，从目前的情况来看，仍以暂不改建暗沟为宜。护城河改为暗沟后虽可以开出一条 200 米宽的干道路基，减少约 20 座桥梁，拆城墙的砖土大部分可以就地消纳，但因为河道洪水流量较大，因而暗沟断面很大，初步估算工程费需要 4300 万元，比保留明河多用资金 2000 万元。保留明河的主要好处，还有调水的机动性和将来引黄河水进城后，为增加河道断面留有余地。从长远考虑，将来京广运河开辟后，还可利用其向市中心区供水。另外，护城河有些部分两岸已绿树成荫，可为城市增加一些绿地、水面。

20 世纪 60 年代初期，中共中央根据当时的国际形势提出了"备战备荒为人民"的方针，并提出在北京修建地下铁道。1965 年 1 月 15 日，北京地下铁道领导小组在向中共中央呈报的《关于北京修建地下铁道问题的报告》中明确提出，修建地铁的目的是"适应军事上的需要，同时兼顾城市交通"。"由于地下铁道建设需要时间较长，因此有必要早日动手，尽量加速建设进度"。关于线路方案，报告拟定为"一环二线"，其中一环为沿内城城墙的环城线。

早在20世纪50年代的城市总体规划中就已确定北京要修建地下铁道，在1964年"备战备荒为人民"的新形势下，市规划局等单位在市委领导下重新进行了研究。为了投资省、上马快，摒弃了原"一横、两对角线"的方案，改为沿内城城墙墙址的位置。因为地下铁道距护城河较近，埋深又低于护城河，战时一旦被炸毁，河水将淹没地铁。为确保地铁安全，1965年初，北京市领导要求市规划局尽快编制改建前三门护城河以及西、北和东护城河为暗沟的具体实施方案。同年3月，市规划局提出改建4条护城河为暗沟的方案，排水标准按20年一遇洪水设计，暗沟全长23公里，总投资约6370万元。根据地铁建设要求，暗沟除降雨外，不得有水。因此，除按规划截流入河污水外，北护城河还考虑将平时燕京造纸厂用水和东郊农业用水改从北护城河以北的青年路明沟输送。为了确保城区防洪安全，减少暗沟的洪水流量和工程造价，规划方案考虑，将排入北护城河的流域面积达43平方公里的长河雨水，改经西、北土城沟和小月河排入清河。将排入东护城河的北护城河和四海下水道的雨水，改向东经亮马河排入水碓湖调蓄，然后经二道沟排入通惠河。将排入前三门护城河的西护城河雨水，改经南护城河排入通惠。上述改道后的河道，因流量加大，均需疏浚。由于北护城河改暗沟后，需建分流洪水和为工农业输水的工程比较复杂，并且北护城河给北海、中南海等内城河湖输水是不能断流的，因此规划方案建议保留北护城河为明河。

1965 年 7 月，地铁一期工程开工，遂将前三门护城河崇文门以西和西护城河复兴门以南共 6.52 公里河道改为暗沟，其中前三门护城河长 5.6 公里，西护城河长 0.92 公里。为解决西护城河暗沟排水问题，同时按规划疏浚了二闸以上的通惠河和南护城河，长约 16 公里，使南护城河排水问题也相应得到解决。1971 年，环内城的地铁二期工程开工，开始将西护城河复兴门以北长 4.25 公里河道改为暗沟。由于地铁车辆段占用位于北护城河北侧的太平湖，其进出线路将河道截断，致使北护城河起始段改到第一轧钢厂北侧，并改为暗沟，长 0.86 公里。当时的太平湖不仅已建成为绿树成荫的风景区，同时还担负着调节护城河洪水的作用。太平湖被填垫后，必将增加下游河道的洪水流量，因此被迫于 1972 年汛前疏浚了东护城河并且改建北护城河的阻水桥梁。

东护城河是 1974 年至 1984 年配合东二环路建设和地铁二期工程需要而逐步改为暗沟的，暗沟长 5.35 公里。当时东二环路需要建建国门、朝阳门、十条豁口和东直门 4 座立交桥，每座立交桥均需将数百米长的河道改为暗沟，因此决定东护城河全部改为暗沟。

由于沿河及沿暗沟的污水截流工程截污不彻底，仍有大量污水入河，严重污染了河道水质。尤其是无河水补给的前三门、崇文门以东一段河道及南护城河西便门前一段河道（西盖板河出口下），污染更为严重，两岸环境极差。根据当地居民要求，分别

正阳门西护城河（1956年）

于 1975 年和 1985 年将这两段河道改为暗沟，全长 1.8 公里。

上述河道改暗沟工程中，除北护城河起始段和南护城河西便门段外，均根据北京市人防办公室的要求，兼做人防工程使用。沿线共建人防出入口 40 多处，还建有厕所等设施，但因仍有大量污水排入，这些设施已不能使用。

护城河改暗沟后，满足了地铁建设的要求，解决了原河道排水能力不足问题，但破坏了古都北京的河道系统格局，减少了城市水面，同时还降低了城市抵御大洪水（超过设计标准的洪水）的能力，加大了下游河道的洪水流量，加剧了上、下游的排水矛盾。

在 1982 年编制的《北京城市建设总体规划方案》中，城市河湖规划明确提出，根据水源条件，结合城市排水，把规划建设区内的河道建设成环境优美的风景观赏河道和风景观赏河道环。其南半环起自昆明湖，经京密引水昆玉段、南护城河到通惠河高碑店湖，全长 35.3 公里，可将颐和园、玉渊潭、陶然亭、天坛、龙潭五大公园串联起来。其北半环起自长河闸，经长河、北护城河、亮马河、二道沟至通惠河高碑店湖，全长 23.9 公里，可将紫竹院公园、动物园、北郊四湖、水碓湖公园、红领巾湖公园串联起来。其中护城河是建设的重点。为了确保风景观赏河道有清洁、宽阔的水面，河道两岸规划修建污水截流管道，在沿河适当地点修建拦河闸或橡胶坝，以抬高河道水位。根据河道较深的特点，河道断面建成复式河床，两岸植树成荫，河道二层台建成宽5~8米的滨河绿带，并设路椅供人们休息。规划考虑各河段可根据具体条件开展水上活动或通行游艇。昆明湖至玉渊潭八一湖和至紫竹院11.3公里河道（其中昆玉段，河道顺直，河上桥梁净孔已按通航规划不少于3.5米修建）可通行客艇，客艇可直达昆明湖内排云殿。昆明湖外河道已按此规划施工。为了确保城区防洪排水安全，规划提出排水标准为20年一遇、防洪标准为50~100年一遇的西蓄、东排和南北分洪的方针，即利用西郊砂子坑、玉渊潭湖等调蓄城市上游洪水，按规划标准加大城市下游河道排水能力，开辟向坝河、水碓湖分洪工程和加大向凉水河的分洪流量。为了确保河道两岸能有宽阔的绿地，市规划局于1984年制定了《关于划定市区河道两侧隔离带的规定》，并由北京市政府颁布实施。根据上述规划，1981年至1984年和1988年至1992年，分别对北护城河、南护城河进行综合治理，两岸按规划补充修建了污水截流管道，建成水面宽26~40米、带有二层台的复式断面和绿树成荫的河道。但由于管理不善和有的污水出路还未打通等原因，仍有大量污水排入河中。1992年修订的《北京城市总体规划》中关于河湖规划，即按上述规划思想，根据规划市区面积的扩大，进一步扩大了风景观赏河道的规模。

城镇规划

　　北京远郊 10 个区的政府所在地统称
县城。县城是各区的政治、文化、经济中心。
1982 年《北京城市建设总体规划方案》中
将远郊各县城都列入北京市卫星城的建设
之中。

县城、县域规划

1983 年中共中央、国务院原则批准《北京城市建设总体规划方案》以后，市委、市政府要求用两年时间完成远郊县城总体规划的编制。从 1984 年开始对大兴（黄村）、通县、顺义、平谷、密云、怀柔、昌平、门头沟、房山和燕山等 10 个区、县的土地使用功能布局进行了具体研究和深化。

此次县城规划采取全市动员、各区县和有关专业局共同参与的方式，由市规划局负责技术指导和综合平衡。

县城建设规划是促进远郊各项事业的发展和繁荣、吸引市区人口向远郊疏散的战略部署。县城规划要根据各个县城的优势和特点，因地制宜发展各项事业，充分开发旅游资源，使县城发展带动全县发展，特别是沿山的一些县城规划建设将积极促进山区经济的发展。

1987 年 8 月 28 日，除燕山外，其他远郊各县城的总体规划方案及其工作报告经首都规划委员会第八次全体委员会讨论通过。市委、市政府原则同意，并做了批复。批复强调，"城乡规划是城乡建设的'龙头'，也是经济社会发展的重要依据"，规划部门要在"七五"期间继续组织力量，会同各区、县和有关部门在现有工作的基础上，把城乡规划工作进一步深入搞好。

县域规划是远郊各区、县所辖范围内的建设蓝图。1985 年选定顺义作为县域规划的试点,取得经验予以推广。1987 年 6 月,北京市政府决定再用两年左右的时间完成郊区县域规划的编制工作,以保证城乡社会经济的健康发展。

1988 年 5 月 18 日,在顺义县召开了北京市县域规划工作会议。会议动员远郊 10 个区、县积极开展县域规划工作。为确保县域规划的顺利开展,使各区、县在规划方法、进度、内容、要求等方面取得一致,统一步调,会议草拟了三个文件:一是关于编制县域经济社会发展规划纲要的基本要求;二是北京市县域规划成果要求;三是北京市县域规划图件目录及内容。

文件经过多次讨论,最后形成正式规章指导实际工作。1989 年,10 个远郊区、县的县域规划全面铺开。

县域规划的主要任务是:在 1982 年《北京城市建设总体规划方案》和中央批复精神的指导下,根据各区、县在首都所处的地位和作用,结合各自的自然、历史、社会和经济条件,确定经济和社会发展方向、产业结构及其地域分布;预测县域人口增长、集聚形式和农业劳动力的转移,确定城镇化的水平和速度以及城镇体系的结构、主要城镇的职能、规模和空间布局;确定城镇和地域的基础设施和服务设施网络;确定城镇和地域的环境建设目标和改善环境措施等。

规划方案的编制分为两个阶段:第一阶段调查研究,分析现状并编写经济社会发展纲要;审议通过后,进行第二阶段的编制规划方案和起草规划报告。规划方案分为近期、中期和远期三个实施阶段。近期方案内容要求深入具体，中期方案（2000 年）可以宏观一些，远期方案则是方向性、轮廓性的描述。

此次规划图纸采用 1∶50 000、1∶25 000 的比例尺，对图面内容和图例均做了相应的规定，建立了同国家统计部门相吻合、不同层次的表示系列，不仅便于直接使用统计部门的已有资料，而且便于运用计算机进行各种数据处理。

1990 年 12 月，10 个远郊区、县的《县域经济社会发展规划纲要》全部完成。1993 年 10 月，根据《北京城市总体规划》，

北京市城镇发展轴示意图 (1992年)

各区、县又编制了新一轮县域和县城规划，并陆续得到市政府批准。1998年9月12日至13日，北京市县域规划工作会议在通县卫星城召开。会议中心议题是审议通县、密云两县《经济社会发展纲要》。通县和密云的领导分别汇报了制定本县经济社会发展纲要的情况。

2000年以后，结合首都经济加速发展的新形势，各区、县进一步修订规划，将县域规划工作继续引向深入。

卫星城布局

卫星城镇的理论源于英国爱·霍华德1898年出版的《明天——一条引向真正改革的和平道路》一书。其要点一是阻止农村居民流入大城市，达到控制大城市规模的目的；二是卫星城的规模3万人左右，布局形式为四周有宽阔的农田地带所环绕。卫星城就是环绕中心母城建设众多的新城。1924年，在荷兰首都阿姆斯特丹召开的第七次国际住宅与城市规划会议上，通过了"为防止超级城市的出现，应当建设卫星城"的决议。此后，一直到20世纪末，在世界各地已兴建了数以千计的卫星城。

卫星城理论引入中国是在20世纪50年代初。1957年的北京市总体规划方案中就提出了发展建设卫星城镇作为控制市区规模、疏散市区人口的一项措施，并在以后的历次总体规划中始终坚持这个观点。

但在当时，总体规划研究的重点主要放在市区，对远郊卫星城规划建设尚缺乏理论和实践经验，只有初步设想，未形成完整的规划方案。

1958 年 8 月，中共中央北戴河会议后，对《北京城市建设总体规划初步方案》做了重大修改，其中重要内容之一就是"在工业发展上要控制市区，发展远郊区"。同年 9 月，建筑工程部党组就城市规划问题向中央报告："今后城市建设基本方针是发展中小城市为主，尽可能把城市搞得好一些、美一些，努力实现城市园林化。"

彭真市长在北京市三届一次人代会上指出："从经济的发展着想，从人民的精神生活和物质生活着想，从城市供应和城乡关系着想，城市建设的布局都不要过于集中，不要使现有的城市过于扩大，应在城市周围建设卫星城和工业基地，发展农村工业，建立既有现代农业、现代工业，又有现代化设备的农村，这样的结果就能逐步缩小以至消灭城乡差别。"

因而，在 1958 年编制的《北京市总体规划方案》明确提出要控制市区规模、在远郊发展卫星城、同市区组成子母城的规划设想，当时曾规划了包括全部县城在内的 40 多个卫星城镇。与此同时，在昌平建设了第二毛纺厂，在房山建设了矿山机械厂。后来在牛栏山建设了维尼龙厂，在南口、埝头等地也建了一些中小型工厂。为了加强郊区各卫星城镇与各县之间的联系，在郊区规划布置了三个公路环，再加上以市区各城门口为起点的十条对外放射干线，组成郊区道路网基本骨架。

1962 年 12 月，市人委第二十五次行政会议就城市建设用地问题做了以下决定："凡是可以不在北京兴建的项目，需请示国务院加以控制，不要在北京安排。现有工厂凡不适宜城区的，需结合工业调整加以并迁。城区和近郊哪些是必须占用的，哪些是不能占用的，提出方案及早定下来，建设卫星城镇，迁出一些机关也是减少近郊建设用地的办法。"同年，建委传达了李富春副总理的指示："……集中建几个卫星城镇，不要建得太分散，城区、中心区的一些工厂可以有计划地外迁到远郊卫星城镇去，不要在近郊占地。"据此，规划部门在深入研究分析市区人口和用地过于集中所带来的诸多矛盾的同时提出，今后必须在北京新建的工厂和事业单位，原则上要放到远郊。要结合工业调整和发展，按照"大分散、小集中"的原则，在离市区 30~50 公里范围内，以现有城镇、工业点为基础，逐步建设起一批 3 万~10 万人的小城镇。

1963 年的卫星城镇规划对 1958 年总体规划方案的卫星城规划进行了修改，将远郊区的一些县城、区中心和有一定基础的镇点统筹考虑，综合规划了 38 个卫星城镇，总人口 221 万，总占地面积 33.4 平方公里。

方案确定，卫星镇规模以中小型为主，绝大部分为 5 万~6 万人以下，其中 10 万人以上的有 5 个，占 13.1%；5 万~10 万人有 12 个，占 31.6%；3 万~5 万人有 11 个，占 29%；3 万人以下有 10 个，占 26.3%。

这些卫星城镇分布在沿山地区的 18 个，分布在平原的 19 个，分布在山区的 1 个。远郊卫星城镇距北京市区边缘距离平均 27 公里，其中最近的门头沟 1 公里，最远的溪翁庄 59 公里。规划提出的卫星城镇的构成主要有以下 4 个方面：（1）根据资源、交通、建设条件及地区工业布局要求所确定的新的中小型工业基地，属于大城市统一工业的有机体，如密云、桥梓、房山、石窝等大中型卫星城镇；（2）由于旧城改建、工业调整搬迁的需要和部分新建工厂所构成的卫星城镇，这类城镇距市区较近，而且是由综合性工业所构成，如通县、沙河、黄村等；（3）科研机关、大专院校及相应为科研服务的试验性工业组成的卫星城镇一般规模较小，是围绕附近大的卫星城分布的，如九里山、甘池、溪翁庄、九头等；（4）为大城市的交通枢纽、水陆联运码头、大型编组站服务而形成的卫星城镇，如通县的马驹桥（20 世纪 50 年代总体规划此处设有运河码头）、大兴县的庞各庄和安定等。

此次规划方案未包括乡镇小型工厂企业、矿产资源和休疗养基地等类型的卫星城镇。

20 世纪 50 年代至 60 年代，总体规划从理论到实践逐步深入地论证了北京地区建设卫星城镇的必要性和可能性，并在规划方案中针对各地区特点，对卫星城镇设置的建设项目均做了具体安排。

1971 年召开了北京城市建设和城市管理工作会议，会上提出重新编制首都城市建设总体规划作为城市建设的依据。经过一年多的工作，于 1973 年 10 月作为总体规划修订的一个专题，提出了重新编制的《北京地区小城镇建设规划方案》。由于在远郊卫星城规划建设方面，自1958年以后陆续建设了一批工业点，其中有些工业小城镇已具雏形。为了有效地控制市区规模，实现城市的合理布局，有利于生产的发展，规划方案明确提出"今后三废危害大的工厂，占地多、用水多的工厂，运输量大的工厂都不宜在市区新建，要求安排到远郊小城镇去。对市区原有的一些存在三废危害而又难以治理的工厂，以及原地发展受到限制的工厂，通过调整也要有计划地迁到远郊小城镇去"。北京发展小城镇的出发点是根据社会主义经济的统一计划性，尽可能均衡地合理分布生产力，以逐步消灭三大差别。在具体做法上，不搞那种过分依赖中心城市的"卧城"，而是建设相对独立的、能就地工作和居住的小城镇。

规划方案分析了当时北京小城镇建设的现状。

到1972年底，北京远郊区共有中央、市属工厂109个，分散在60多个点上。已有两个较大的工业城镇：一个是通县，总人口8万人左右；一个是门头沟，总人口6万~7万人。正在建设中的一个较大的工业城镇是石油化工区，现状已有2万多人，规划发展到10万~15万人。除这三个已具相当规模的工业小城镇外，其余各工业点规模都很小。小城镇布局存在三个问题：一是工业布局过于分散，不利于组织各企业间的生产协作，加之每个工业点规模过小，不利于生产、生活等基础设施的配置；二是生活福利设施不配套，单位职工宿舍、商业服务和文教卫生设施的建设未及时跟上，造成有的工厂3000职工就有2800余人买月票回城，不仅职工的生活不便，也加大城市交通的压力；三是有些工厂厂址定位不够合理，有些三废污染严重的工厂摆在市区的上风向或城市水源的上游，污染市区和城市水源。据此，规划方案提出远郊小城镇的建设规划需考虑以下五方面问题：

1. 小城镇规模要适当加大，一般在 5 万 ~10 万人，与城区的距离一般在 30~50 公里。

2. 小城镇要接近资源、水源，充分利用现有交通条件，并适当照顾原料和产品的供求关系，少占耕地，不占良田。

3. 一个工业小城镇一般应以某一种工业为主，有的也可以发展成综合性的工业小城镇，并根据需要适当安排一些科研机构和高等学校。

4. 按比例配套设置住宅、学校、商业服务业等生活服务设施，解决好"骨头和肉"的关系。

5. 小城镇的规划建设要认真贯彻党中央提出的"大分散、小集中"的原则，选择有条件发展的小城镇作为近期和远期重点建设的卫星城镇。

1973 年编制的《北京城市建设总体规划》包括近期规划和远期规划两部分。近期规划方案（1973 年至 1980 年）提出，按照统一规划、逐步开点、紧凑建设的要求，1980 年以前拟集中建设 6 个小城镇，分别为房山石油化工区、通县的张辛庄、大兴县的安定和黄村、昌平县的埝头、顺义县的牛栏山。具体设想是，结合当前建设有计划地开发建设卫星城镇。远景规划（2000 年前）除近期建设的 6 个小城镇外，拟再建 17 个小城镇，其中结合原有县城发展的有 8 个，即密云、怀柔、延庆、顺义、平谷、昌平、门头沟、房山；结合原有工业点发展的有康庄、沙河、南口、良乡、琉璃河；规划新辟的3个小城镇有康各庄（含西田各庄地区）、马驹桥（后称亦庄）和北庄。除上述各工业城镇外，规划还将利用小汤山温泉开辟休疗养性质的小城镇，结合名胜古迹和风景区及附近水库，建设游览、休养性质的卫星城镇。

1974年6月，国家建委在《关于加强城市建设工作的若干规定》中提出城市建设的方针和任务：城市要全面规划，大力发展小城镇，严格控制大城市规模。

1975年，规划部门着手编制各卫星城镇的土地使用规划。1978年，提出方案上报北京市政府，但未予审批。此后，卫星城镇建设逐步走上按规划建设的轨道。

20世纪70年代后期，针对远郊卫星城镇建设能否达到控制市区规模、疏散市区人口的问题，规划部门做了大量调查研究，总结了远郊卫星城在建设过程中的问题和矛盾，主要有三方面：（1）遍地开花，分散了力量。"大跃进"时期工业发展规模过大，建设项目过多，造成卫星城镇开点过多。后来基本建设战线收缩，许多建设项目下马，只有少数项目建成。不少城镇只有一两个企业或事业单位，长期未能形成局面。（2）城镇建设只有生产工作用房的投资，没有住宅、生活服务设施的投资，购物、医疗、文化生活、子女上学等都十分困难。进城交通又十分不便，因而单位不愿迁，职工不愿去。（3）对外地调进职工控制不严，如燕山石油化工区70%左右的职工是从外地调进的，且随迁家属不少人以此为跳板进入北京市区，实际上增加了全市总人口。有的工厂虽然迁到远郊，由于生产、生活问题难以解决，不得不迁回。

规划针对上述问题提出五条建议：第一，要有正确的政策和措施，必须使迁出单位受益，使职工在家庭生活上感到有所改善。第二，取决于工厂内在的生产发展需要，不迁出就无法继续发展生产，不能单纯靠外部压力和行政命令要求迁厂。第三，必须要有快速方便的交通条件，缩短路途时间。第四，卫星城镇应具有一定规模，其公共服务设施应当齐全，并且要有相当标准。第五，卫星城的建设关键在于资金，应开辟多种投资渠道，采取多种形式，集中力量重点开发建设几个卫星城镇，不能把面铺得过大。这些建议在后来的卫星城镇规划和建设中均加以采纳。

1982年《北京城市建设总体规划方案》明确提出"旧城逐步改造、近郊调整配套、远郊积极发展"的建设方针，以扭转建设过于集中在市区的状况，合理调整城市布局。要有计划地在远郊发展卫星城镇，要沿三条交通走廊，即西北方向的沙河、昌平、南口一带，东北方向的顺义、怀柔、密云一带，西南方向的良乡、房山、燕山一带，发展卫星城镇或城镇群，并开发延庆、永宁、平谷、斋堂等山区城镇。广大农村在发展经济的同时要安排好村镇建设，使整个北京地区形成一个大中小相结合的星罗棋布的城镇网。

中央在对1982年《北京城市建设总体规划方案》的批复中特别强调，要严格控制城市人口规模，坚决把北京市到2000年的人口规模控制在1000万人左右。要有计划疏散市区人口，逐步把市区的部分企业和单位迁移到卫星城镇，近期要重点抓好黄村、昌平、通县和燕山等 4 个卫星城镇的建设。批复中还提出"搞好郊区县的村镇建设，逐步建起一批农工商结合发展的、具有一定现代化水平设施的农村集镇"。

按照北京市总体规划的战略部署，1982 年 12 月，黄村（大兴）卫星城在南郊兴建。1983 年 4 月，京开路北京至黄村段扩建工程开工，1985 年 6 月竣工通车。

为打通北京的"北大门"以解决出城难问题，改善旅游交通，发展城乡经济，市政府决定以最快的速度扩建昌平路。1984 年 9 月，京昌公路建成通车。1985 年 9 月，怀柔至慕田峪长城旅游公路建成通车。同年，南口至八达岭旅游公路复线建成，正式交付使用。同时，京良公路（北京至良乡）建成通车。郊区公路建设加强了各卫星城镇与市区的联系，为卫星城镇的开发建设提供了先决条件。

1991 年初，北京市人民政府和首都规划建设委员会决定修订《北京城市建设总体规划方案》。规划年限为 20 年（1991 年至 2010 年）。修订的重点是调整城市发展规模，开拓新的城市发展空间，优化城市布局，建立完善的城镇体系，实行"一万六千八，城乡一起抓"的方针。规划再次明确提出，"北京城市规划区就是北京市行政辖区的范围，包括规划市区和远郊地区总面积 1.64 万平方公里"。城市总布局的基本方针是，城市建设重点要逐步从市区向远郊区作战略转移，大力发展远郊城镇，实现人口和产业的合理布局，推动城乡社会和经济的发展。

规划首次确定，北京市按照市区（中心城市）、卫星城（含县城）、中心镇和一般建制镇四级城镇体系布局。卫星城既承担由市区延伸的部分功能，又是远郊区（县）政府所在地，是其所辖区（县）的政治、经济和文化中心，具有相对独立性，其规模可适当扩大。规划共有 14 个卫星城，即通县、亦庄、黄村、良乡、房山（含燕山）、长辛店、门城镇、沙河、昌平（含南口、埝头）、延庆、怀柔（含桥梓、庙城）、密云、平谷和顺义。其中通县、亦庄和黄村为全市重点开发建设的卫星城。

规划提出，2000 年卫星城镇规划常住人口从 1990 年的 108 万人增加到 160 万人左右，城市建设用地从 1990 年的 155 平方公里增加到 200 平方公里左右。2010 年规划常住人口增加到 200 万人，城市建设用地 250 平方公里左右。21 世纪中叶卫星城的总人口可能增加到 300 万人以上。

规划提出，建制镇是所辖地区的政治、经济和文化中心。到 1990 年，全市已有建制镇 77 个，今后 20 年（1991 年至 2010 年）规划增加到 140 个。除卫星城外，根据各建制镇的交通条件、经济发展水平、水源和土地资源以及对于周围乡、镇的辐射作用，选择 30 个左右建制镇确定为中心镇，平均每个区（县）2 至 3 个，其他为一般建制镇。2000 年中心镇的规划常住人口共约 20 万人，建设用地约 30 平方公里；2010 年共约 30 万 ~40 万人，建设用地 45~60 平方公里。21 世纪中叶，中心镇可能发展到 50 个左右，人口达到 100 万人左右。

建制镇以下的乡、村为农村地区，也将容纳一定数量的城市人口。

规划提出，2010 年以前各卫星城的人口规模一般在 10 万 ~25 万人。从长远看，保留发展为 15 万 ~40 万人的可能，有条件的卫星城规模还可以更大一些。

今后 20 年（1991 年至 2010 年），各卫星城都将有较大的发展。规划确定位于公路二环与京榆、京津塘、京开等对外公路干线相交处的通州镇、亦庄和黄村作为全市重点发展的卫星城，要加大综合开发力度。其中亦庄北京经济技术开发区，是北京发展新兴产业的重要基地，要集中力量加快建设。

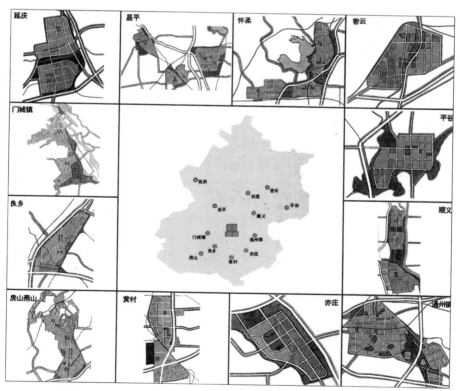

卫星城规划（1992年）

中央批复

　　1949年确定北京为首都后，党中央、国务院十分重视北京的规划与建设。对北京城市总体规划方案的正式批复有4次。此外，对李富春《关于北京城市建设工作的报告》的批复、1980年中央在听取北京城市建设汇报后所做的四项重要指示等都是对北京城市规划建设的重要指示和支持。

对李富春报告的批复

1964 年底至 1965 年初，调整国民经济的任务基本完成，国民经济进入新的发展阶段，首都建设也出现转机。在新形势下北京到底应该向什么方向发展？中央有关部门和北京市共同分析了北京城市建设中存在的主要矛盾，并取得共识。1964 年 3 月，李富春向中央呈报了《关于北京城市建设工作的报告》。报告中首先概括了城市建设中存在的四个主要矛盾。

1. 国家建设占用近郊农田同农民和城市蔬菜供应之间的矛盾。新中国建立以来，国家建设占用了近郊 25 万多亩农田，使农民每人平均耕地从两亩左右下降为一亩左右，有些靠近城区的社队每人平均只有四五分地。单位占地不仅与农民矛盾尖锐，而且与城市蔬菜供应发生尖锐矛盾。

2. 城市发展规模同各单位发展计划之间的矛盾。许多部门把自己的一些单位放在北京，新建、扩建不断，"面多了加水，水多了加面"，无止境地发展下去，北京城市规模将会迅速地过大地扩展，不仅在市政建设、服务设施、城市供应各方面出现许多问题，而且从战略意义上考虑也是不利的。

3. 统一规划同分散建设之间的矛盾。由于建设计划是按"条条"下达，由各单位分别进行建设，北京市很难有计划地成街成片地进行建设，至今没有建成一条完整的好街道。许多单位总想自成格局，造成一些地区建设布局的不合理和建筑形式的不协调。不少单位圈了很大的院子，近期又不建设，造成用地的严重浪费。同时，各种房屋不平衡，不配套，生产用房、公共建筑、大专院校建得多，住宅、中小学校舍、商业服务业等生活服务设施欠了账，特别是有些地区，机关、工厂摆得过多，矛盾也就更加突出。总之，不改变按"条条"下达建设计划的现状，就无法实现统一规划。

4. 建筑任务同施工力量和地方建筑材料供应之间的矛盾。1964 年，北京地区建筑任务为 456 万平方米，比 1963 年增长 30% 左右，而由于几年来精减了 8 万多建筑工人，减少了建材生产，现有建筑施工力量和砖瓦、灰、砂、石等建筑材料，最多也只能解决开工 350 万平方米的需要，约有 100 万平方米不能开工。

针对以上矛盾，报告建议："采取革命的措施，克服城市建设工作中的分散现象，各级国家机关和企业、事业单位必须继续实行精简政策，严格控制城市人口的发展，切实贯彻执行调整、巩固、充实、提高的方针；实行房屋的统一建设和统一调配；在现有的基础上填平补齐，有计划、有重点地进行城区改建，逐步把首都建设成为一个庄严、美丽、现代化的城市。"

具体建议：

1. 中央各部门新建企事业单位，除十分必要，经国家计划委员会批准建在北京的以外，其余一律不准建在北京。批准建在北京的项目，凡不能与改建城区相结合的，一般应当放在远郊区卫星镇。

2. 中央各部门已经建在北京的企事业单位，凡是不适合建在北京的，或者适宜接近生产基地更有利于开展工作的，都应当下决心有计划地逐步迁移出去。

3. 在北京的中央部门的企事业单位，一般不要再进行扩建。必须扩建的，只能利用现有房屋和基地来解决，没有房屋和基地可以利用的，应当视同新建单位办理。不论中央各部门或北京市属的工厂，都应当着重进行设备更新和技术改造；并且应当定产品方向，定生产规模，向专业和协作的方向发展，一般不要搞全能的、综合的大工厂。

4. 应当充分利用城区和近郊现有空地进行建设，见缝插针，填平补齐，使之逐渐形成街道。原则上不许再占用近郊区农田。根据国家建设需要，在妥善安排居民的条件下，有计划地拆除城区主要干道两侧已经没有修缮价值的破烂房屋，改建成楼房。各单位已经圈起来的大院子，凡是适合于进行建筑的，都应当交给北京市统一安排建筑。

5. 东西长安街两侧已经有不少拆了房子的空地，应当尽量安排适当的项目进行建设。首都面貌应当逐步改变，可让北京市迅速编制东西长安街的改建规划，沿街要多建一些办公楼和大型公共建筑。但是，其他城市不得仿效。

6. 实行房屋的统一建设和统一分配。今后中央部门所需的住宅、办公用房和其他生活服务设施，一律由各部门提出用房计划，经国务院各委、办和军委分口审查后，由国家计委综合平衡，制订统一的建房计划，并将投资材料统一下达给北京市，由北京市统一规划、统一设计、统一施工、统一调配和统一经营管理。

应当尽可能多建职工和居民住宅及必要的中小学，逐步缓和紧张状况，近郊区要适当安排商业服务业等生活设施。

中央立即对这个报告做了批复，指出"必须下决心改变北京现在这种分散建设、毫无限制、各自为政和大量占农田的不合理现象。凡是不应该在北京建设的单位，不要挤在北京进行建设。凡是不应该扩大建设的单位，不得进行扩大建设。要切实做到有计划地多快好省地进行首都建设。中央同意富春同志的报告，望即遵照执行"。

对解决交通及公用设施等问题的批复

1974 年 12 月 19 日，中共北京市委和市革委会向党中央、国务院上报了《关于解决北京市交通市政公用设施等问题的请示报告》。报告的要点如下：

1. 按"条条"下达的各单位的基建投资只有建筑和设备费用而没有市政公用设施费用，市政公用设施全靠北京市解决，财力上有困难。长期以来，市政公用设施投资占基本建设投资的比重从"一五"期间的 7% 降至近几年的 3%，城市已难以为继。

城市交通拥挤、堵塞、速度慢、事故多；供水紧张，排水河道十几年未疏挖，一遇暴雨，洪水漫溢，造成工厂停产、农田受灾、交通断绝；污水就地排放出现十几条新"龙须沟"；煤气、热力供应紧张，几年来不断发生停气事故。为解决上述问题请求中央拨专款6亿元左右。

2. 新建生产工作用房和住宅、生活服务用房比例失调。"一五"期间两者之比为1∶1.3，以后十几年下降到1∶0.8左右，居住水平一降再降，以致全市有10万多缺房户，大多是工厂、财贸、中小学职工。工厂附近没有宿舍，每天20多万人远道上下班，买东西、看病排长队，孩子进不了托儿所，公共汽车拥挤不堪，这些问题已成为广大职工迫切要求党和政府解决的问题。为此建议，在制订年度基建计划时，调整生产工作用房和住宅、生活服务用房之间的比例，近几年大体维持在1∶1.5左右为宜，略高于"一五"水平；党政军民学都应该坚决贯彻国务院1964年颁布的《严格禁止楼堂馆所建设的规定》；近几年在北京少建、最好不要新建科研机构和其他事业单位；工业除正在建设的石油化工、钢铁、电影电视、电力、汽车、建材等重点项目外，一般不再新建工厂；住宅、生活服务设施建设应该优先解决劳动人民的急迫需要；基建任务安排要统一领导，统一规划，统一建设；旧城改造与城市新建相结合。

建议中央据此重新审定首都1975年及今后建设计划。

3. 为进一步加快首都建设步伐，需要优先发展地方建筑材料生产和壮大施工力量。

1975年6月11日，国务院对北京市的报告做了批复，下发国发（1975）85号文件，原则同意北京市的报告。批复指出，北京是我国的首都，一定要建设好，应该结合我国在 20 世纪内发展国民经济两步设想的宏伟目标，把北京逐步建成一个新型的现代化的社会主义城市。具体指示如下：

1. 首都建设应由北京市委实行一元化领导。今后，在北京进行各项建设，都应该接受北京市的统一管理，执行统一的城市建设规划。从 1976 年起，每年由北京市编制首都建设的综合计划，经国务院审查批准后实施。一般民用建筑实行统一投资、统一建设、统一分配，并逐步实行统一管理。

2. 严格控制城市发展规模。凡不是必须建在北京的工程，不要在北京建设；必须建在北京的，尽可能安排到远郊区县，发展小城镇。必须安排在市区的建设工程，要和城市改造密切结合起来，注意节约用地，一般不能再占近郊农田。

3. 建设中要注意处理好"骨头"和"肉"的关系。对于公共交通、市政工程、职工宿舍以及其他生活服务设施方面的欠账问题，应在近几年内认真加以解决。今后新建、扩建计划都应该把职工宿舍等必要的生活服务设施包括进去。

国务院同意在第五个五年计划期间，每年在国家计划内给北京安排专款 1.2 亿元和相应的材料设备，用于改善市政公用设施。

4. 为解决北京市建筑施工力量不足的问题，国务院同意 1975 年增加 1 万人，但主要应该挖掘潜力，提高机械化施工水平，不断提高劳动生产率。地方建筑材料要大力发展，争取在两三年内做到自给。发展建筑材料和施工机械化，北京要走在全国的前面，所需投资、材料、设备，由国家计委、国家建委给予必要的帮助，并纳入国家计划。

5. 认真执行勤俭建国的方针。要考虑国家的经济条件，区别不同地点、不同性质的工程，采用不同的建筑标准。要依靠群众，自力更生，勤俭办一切事业，切实做到多快好省地进行首都建设。

中央书记处的四项指示

1980 年 4 月，中央书记处听取了北京城市建设问题的汇报，胡耀邦总书记做出了关于首都建设方针的四项指示，随后即以中央文件形式下发。四项指示明确提出：

北京是全国的政治中心，是我国进行国际交往的中心。要把北京建成：

1. 全国、全世界社会秩序、社会治安、社会风气和道德风尚最好的城市。

2. 全国环境最清洁、最卫生、最优美的第一流城市，也是世界上比较好的城市。

3. 全国科学、文化、技术最发达，教育程度最高的第一流城市，并且在世界上也是文化最发达的城市之一。

4. 同时还要做到经济不断繁荣，人民生活方便、安定。经济建设要适合首都特点，重工业基本不再发展。

对 1982 年《北京城市建设
总体规划方案》的批复

1983 年 7 月 14 日，中共中央、国务院原则批准了《北京城市建设总体规划方案》，并做了 10 条批复，主要内容如下：

1. "北京是我们伟大社会主义祖国的首都，是全国的政治中心和文化中心。北京的城市建设和各项事业的发展，都必须服从和充分体现这一城市性质的要求。"北京市要为党中央、国务院领导全国开展国际交往和全市人民的工作生活创造良好的条件，在两个文明建设中成为全国城市的榜样。

2. "采取强有力的行政、经济和立法的措施，严格控制城市人口规模"，"坚决把北京市到 2000 年的人口规模控制在 1000 万人左右"。要严格控制在北京新建和扩建企业、事业单位，确需在北京新建的，要安排到远郊区。要有计划地疏散市区人口，制定一整套鼓励卫星城镇发展的政策，近期重点抓好黄村、昌平、通县和燕山等 4 个卫星城镇的建设。

3. "北京城乡经济的繁荣和发展，要服从和服务于北京作为全国的政治中心和文化中心的要求。"工业建设规模要严加控制，工业发展主要依靠技术改造。今后不再发展重工业，应着重发展高精尖的、技术密集型工业。要迅速发展食品、电子、轻工等适合首都特点的工业。商业和服务业应在短期内有较大发展，这是贯彻中央指示、繁荣首都经济、解决就业的大事，必须认真抓好。要扩大容量、完善布局，迅速发展各种服务业，创出第一流的社会服务水平。农业发展要面向首都市场，把郊区建成稳定的副食品基地。北京的经济发展要与天津、唐山以及保定、廊坊、承德、张家口等地的经济发展相协调，责成国家计委抓好此事。

4. "北京是我国的首都，又是历史文化名城。北京的规划和建设，要反映出中华民族的历史文化、革命传统和社会主义国家首都的独特风貌。""要继承和发扬北京的历史文化城市的传统，并力求有所创新。"要妥善保护革命史迹、文物、古建和遗址及其周围环境，逐步、成片改造旧城。近期重点改造东、西长安街及其延长线和二环路两侧，同时改造破旧危房多、交通及市政公用设施落后的地段。

5. "大力加快城市基础设施的建设，继续兴建住宅和文化、生活服务设施。"要求 1990 年基本解决交通拥挤、电讯不畅、供电和供水紧张等问题，逐步实现市区民用炊事煤气化，扩大集中供热，发展家用电器。国务院有关部委要协助北京市落实好"六五"和"七五"期间城市基础设施骨干工程建设计划，使城市基础设施状况明显改善。要继续抓好住宅建设，1990 年应基本解决无房户和居住严重困难户的住房问题。住宅设计要多样化，建筑标准既要适应当前经济水平，又要为将来改善留有余地。大力加强文化、教育、体育、卫生和各项生活服务设施建设，不断为首都人民创造良好的生活条件。

6. "搞好郊县的村镇建设。"按照节约用地、少占或不占耕地、统筹安排配套建设的原则，规划并逐步建设一批农工商结合、具有一定现代化水平的农村集镇。促进城乡经济交流，吸收剩余农业劳力，带动广大农村两个文明建设。

7. "大力加强城市的环境建设。"抓紧治理"三废"，努力提高城市的建筑艺术水平，精心规划设计，体现民族特色，提高绿化与环境卫生水平，加强风景区和自然保护区的建设和管理，把北京建成清洁、优美、生态健全的文明城市。

8. "积极改革城市建设的管理体制，解决条块分割、分散建设、计划同规划脱节等问题。"

一是规划范围内的土地统一由城市规划部门管理，征收土地使用费；二是搞好计划同规划的衔接；三是坚决地、有步骤地实行由北京市统一规划、统一开发、统一建设的体制；四是有计划有组织地实行文化和生活设施社会化。

9. "安排好城市建设资金。"北京要筹集本市的财力，增加城市建设资金，并调动各方面的积极性，为建设首都做出贡献。国家要在财力、物力上支持首都建设，并拨给一定数额的城市开发周转资金，由国家计委在中长期和年度计划中安排。

10. "切实加强对首都规划建设的指导。"强调总体规划具有法律性质，北京市要严格按规划执行；抓紧制定规划建设和管理各项法规，建立法规体系，做到有法可依。"中央党、政、军、群驻京各单位，都必须模范地执行北京城市建设总体规划和有关法规，与首都规划建设委员会通力协作，发动和依靠广大群众，为把首都建成社会主义高度文明的现代化城市而奋斗。"

为了加强对首都规划建设的领导，中共中央、国务院同时决定成立首都规划建设委员会（简称首规委）。其主要任务是："负责审定实施北京城市建设的近期计划和年度计划，组织制定城市建设和管理的法规，协调解决各方面的关系。""委员会由北京市人民政府、国家计委、国家经委、城市建设环境保护部、财政部、国务院办公厅、解放军总后勤部、中直机关事务管理局、国家机关事务管理局等单位的负责人组成，北京市市长任主任。"

1983 年 11 月 12 日，首都规划建设委员会正式成立。成立大会部署了下一步工作：组织全市学习中央批复，抓紧草拟城市建设和管理法规，将工作重点转移到编制分区规划和详细规划方面；并决定成立首都规划建设委员会实体的办事机构，各区、县也要成立相应的规划委员会，由区、县长兼任委员会主任。

对 1992 年《北京城市总体规划》的批复

1992 年总体规划是在首都建设发展步伐加快，党中央确立社会主义市场经济体制、改革开放进一步深入的背景下编制的，同时要求提出 21 世纪首都发展的方向和目标。

1993 年 10 月 6 日，国务院对《北京城市总体规划》做了正式批复，同意修订后的《北京城市总体规划》。批复指出："这个总体规划贯彻了 1983 年《中共中央、国务院关于对〈北京城市建设总体规划方案〉的批复》的基本思路，符合党的十四大精神和北京市的具体情况，对首都今后的建设和发展具有指导作用，望认真实施。"同时就有关问题做了 8 条批复，主要内容如下：

1. 同意总体规划对首都城市性质的提法和对城市规划、建设和发展的要求。要"在城市总体规划的指导下，通过不懈努力，将北京建成经济繁荣、社会安定和各项公共服务设施、基础设施及生态环境达到世界第一流水平的历史文化名城和现代化国际城市"。

2. "突出首都特点，发挥首都的优势，积极调整产业结构和用地布局，促进高新技术和第三产业的发展，努力实现经济效益、社会效益和环境效益的统一。"重申"北京不要再发展重工业"，"市区内现有此类企业不得就地扩建，要加速环境整治和用地调整"。

国家计委要会同建设部组织有关部门和地区，研究促进京津冀地区产业结构和资源合理配置，统筹安排城镇体系布局和基础设施建设，实现优势互补，协调发展。

3. "严格控制人口和用地发展规模。" 同意总体规划提出的2010年的人口和用地控制指标，"北京市人民政府要制定控制市区人口增长的具体措施，报经国务院批准后，严格执行"。

4. 同意以全部行政辖区范围作为城市规划区。要进一步完善和优化城镇体系布局，实行城乡统一规划管理。市区坚持分散集团式布局原则。城市建设的重点要从市区向远郊转移，市区建设要从外延扩展向调整改造转移。要尽快形成市区与远郊城镇间的快速交通系统，加快城镇建设，积极开发山区，推动城乡经济和社会协调发展。近期要抓好亦庄新城等重点卫星城镇的开发建设。

5. "切实保护和改善首都地区的生态环境。" 要完善城市绿化系统，严格保护并尽快实施市区组团间的绿化隔离地区，形成合理的城市框架和发展格局。继续抓紧治理"三废"，严格控制在市区上风、上游发展有污染的工业，市区现有污染扰民工业要逐步调整外迁。"要坚决执行规划确定的布局结构、密度和高度控制等要求，不得突破。" 要充分开发利用地下空间，改变地面交通和建筑拥挤的状况。加强首都地区的水源保护和水土保持。

6. "总体规划确定的保护古都风貌的原则、措施和内容是可行的，必须认真贯彻执行。" 北京的规划、建设和发展，必须保护古都传统整体格局，体现民族传统、地方特色、时代精神，提高规划设计水平，"塑造伟大祖国首都的美好形象"。要继续明确划定历史文化保护区和文物保护单位的保护范围与建设控制地带范围，制定保护管理办法。

7. "加快城市基础设施现代化建设步伐。"由国家计委牵头，尽快会同有关部门和地区，具体落实有关南水北调、陕甘宁天然气进京、京津运河等重大工程的规划建设方案及实施步骤。坚决采取节水、节能和调整产业结构等措施，缓解水源、能源紧缺的矛盾。要加紧实施首都的交通发展战略，落实各项规划，尽快形成现代化综合交通网络。要研究预测小轿车发展前景对城市的影响，提出对策。要进一步搞好首都机场的规划与建设，"北京市政府要协同有关主管部门研究解决北京地区空中交通管制问题"。要尽快确定第二民用机场的选址。必须逐步建立城市总体防灾体系，确保首都安全。

8. "认真组织总体规划的实施。"要抓紧编制详细规划和各项专业规划，进一步健全城市规划、建设和管理法规。充分发挥规划的龙头作用，"强化土地使用与开发建设的宏观调控"。"城市行政主管部门要加强统一管理，依法行政，严格执法，保障城市规划的实施。"

批复最后强调："首都规划建设委员会要进一步加强对首都规划建设的领导，发挥强有力的组织协调作用，使首都的各项建设按照城市规划有秩序地进行。中央党、政、军、群各部门和驻京各单位，要模范遵守城市规划和有关法规，尊重和支持首都规划建设委员会的工作，与北京市人民政府通力合作，把北京建设成为高度文明、高度现代化的城市。"

对《北京城市总体规划
（2004 年—2020 年）》的批复

2005 年 1 月 27 日,国务院对《北京城市总体规划(2004 年—2020 年)》做了正式批复, 同意修编后的《北京城市总体规划》。批复指出 :"《总体规划》立足于首都的长远发展, 以贯彻落实科学发展观、建立健全社会主义市场经济体系、建设社会主义和谐社会为指导思想, 符合北京市的实际情况和发展要求, 对于促进首都的全面、协调和可持续发展, 具有重要意义。"主要内容如下 :

1. 同意《总体规划》确定的城市规划区范围为北京市全部行政区域, 在城市规划区范围内实行城乡统一的规划管理。

2. 同意《总体规划》确定的 "2020 年北京市实际居住人口控制在 1800 万人左右(其中中心城控制在 850 万人左右)"。"2020 年北京市城镇建设用地规模控制在 1650 平方公里以内 (其中中心城用地规模控制在 778 平方公里以内)"。由于环境、资源的制约, 北京市应着力提高人口素质, 防止人口规模盲目扩大。要根据《总体规划》确定的空间发展布局, 积极引导人口的合理分布。

3. 促进经济和社会协调发展。建设节约型社会, 实现可持续发展。

4. 北京市是水资源匮乏城市, 必须坚持节流、开源、保护并重的原则，把保证城市供水安全放在首位。

5.处理好区域协调发展的关系。北京市的城市发展必须坚持区域统筹的原则，积极推进京、津、冀以及环渤海地区经济合作与协调发展。

6.坚持以人为本，建设宜居城市。

此外，还指明了"加强污染防治和环境保护工作""加快基础设施和防灾减灾体系建设""做好北京历史文化名城保护工作"等一系列问题，"加强旧城整体保护、历史文化街区保护、文物保护单位和优秀近现代建筑的保护。积极探索适合保护要求的市政基础设施和危旧房改造的模式，改善中心城危旧房地区的市政基础设施条件，稳步推进现有危旧房屋的改造"。

批复最后强调：《总体规划》是北京市城市发展、建设和管理的基本依据，城市规划区内的一切建设活动都必须符合《总体规划》的要求。要结合国民经济"十一五"发展规划，切实做好近期建设规划工作，明确近期实施《总体规划》的发展重点和建设时序。要特别注意与奥运工程有关的环境、场馆、道路、市政基础设施等建设安排的衔接，确保2008年夏季奥运会成功举办，并为奥运会后北京经济社会发展奠定基础。"北京市人民政府要根据本批复精神，认真组织实施《总体规划》，任何单位和个人不得随意改变。建设部和有关部门要加强对《总体规划》实施的指导、监督和检查工作。驻北京市的党、政、军单位都要遵守有关法规及《总体规划》，支持北京市人民政府的工作，共同努力，把首都规划好、建设好、管理好。"

对《北京城市总体规划
（2016 年—2035 年）》的批复

2017 年 9 月 13 日，中共中央、国务院对《北京城市总规划（2016 年—2035 年）》做了正式批复。批复指出："《总体规划》深入贯彻习近平总书记系列重要讲话精神和治国理政新理念新思想新战略，紧紧围绕统筹推进"五位一体"总体布局和协调推进"四个全面"战略布局，牢固树立新发展理念，紧密对接"两个一百年"奋斗目标，立足京津冀协同发展，坚持以人民为中心，坚持可持续发展，坚持一切从实际出发，注重长远发展，注重减量集约，注重生态保护，注重多规合一，符合北京市实际情况和发展要求，对于促进首都全面协调可持续发展具有重要意义。《总体规划》的理念、重点、方法都有新突破，对全国其他大城市有示范作用。"

同时就有关问题做了批复，主要内容如下：

1. 要在《总体规划》的指导下，明确首都发展要义，坚持首善标准，着力优化提升首都功能，有序疏解非首都功能，做到服务保障能力与城市战略定位相适应，人口资源环境与城市战略定位相协调，城市布局与城市战略定位相一致，建设伟大社会主义祖国的首都、迈向中华民族伟大复兴的大国首都、国际一流的和谐宜居之都。

2. 加强"四个中心"功能建设。坚持把政治中心安全保障放在突出位置；抓实抓好文化中心建设，做好首都文化这篇大文章；加强国际交往重要设施和能力建设；大力加强科技创新中心建设。

3. 优化城市功能和空间布局。坚定不移疏解非首都功能，为提升首都功能、提升发展水平腾出空间。形成"一核一主一副、两轴多点一区"的城市空间布局，促进主副结合发展、内外联动发展、南北均衡发展、山区和平原地区互补发展。要坚持疏解整治促提升，坚决拆除违法建设，加强对疏解腾退空间利用的引导，注重腾笼换鸟、留白增绿。要加强城乡统筹，在市域范围内实行城乡统一规划管理，构建和谐共生的城乡关系，全面推进城乡一体化发展。

4. 严格控制城市规模。以资源环境承载能力为硬约束，切实减重、减负、减量发展，实施人口规模、建设规模双控，倒逼发展方式转变、产业结构转型升级、城市功能优化调整。到2020年，常住人口规模控制在2300万人以内，2020年以后长期稳定在这一水平；城乡建设用地规模减少到2860平方公里左右，2035年减少到2760平方公里左右。

6. 科学配置资源要素，统筹生产、生活、生态空间。压缩生产空间规模，提高产业用地利用效率，适度提高居住用地及其配套用地比重，形成城乡职住用地合理比例，促进职住均衡发展。推进教育、文化、体育、医疗、养老等公共服务均衡布局，提高生活性服务业品质，实现城乡"一刻钟社区服务圈"全覆盖。优先保护好生态环境，大幅提高生态规模与质量，加强浅山区生态修复与违法违规占地建房治理，提高平原地区森林覆盖率。推进城市修补和生态修复，实现生产空间集约高效、生活空间宜居适度、生态空间山清水秀。

7. 做好历史文化名城保护和城市特色风貌塑造。构建涵盖老城、中心城区、市域和京津冀的历史文化名城保护体系。加强老城和"三山五园"整体保护，老城不能再拆，通过腾退、恢复性修建，做到应保尽保。推进大运河文化带、长城文化带、西山永定河文化带建设。加强对世界遗产、历史文化街区、文物保护单位、历史建筑和工业遗产、中国历史文化名镇名村和传统村落、非物质文化遗产等的保护，凸显北京历史文化整体价值，塑造首都风范、古都风韵、时代风貌的城市特色。重视城市复兴，加强城市设计和风貌管控，建设高品质、人性化的公共空间，保持城市建筑风格的基调与多元化，打造首都建设的精品力作。

8. 着力治理"大城市病"，增强人民群众获得感。坚持公共交通优先战略，提升城市公共交通供给能力和服务水平，加强交通需求管理，鼓励绿色出行，标本兼治缓解交通拥堵，促进交通与城市协调发展。加强需求端管控，加大住宅供地力度，完善购租并举的住房体系，建立促进房地产市场平稳健康发展的长效机制，努力实现人民群众住有所居。严格控制污染物排放总量，着力攻坚大气、水、土壤污染防治，全面改善环境质量。加快海绵城市建设，构建国际一流、城乡一体的市政基础设施体系。

8. 高水平规划建设北京城市副中心。坚持世界眼光、国际标准、中国特色、高点定位，以创造历史、追求艺术的精神，以最先进的理念、最高的标准、最好的质量推进城市副中心规划建设，着力打造国际一流的和谐宜居之都示范区、新型城镇化示范区和京津冀区域协同发展示范区。突出水城共融、蓝绿交织、文化传承的城市特色，构建"一带、一轴、多组团"的城市空间结构。有序推进城市副中心规划建设，带动中心城区功能和人口疏解。

9. 深入推进京津冀协同发展。发挥北京的辐射带动作用，打造以首都为核心的世界级城市群。全方位对接支持河北雄安新区规划建设，建立便捷高效的交通联系，支持中关村科技创新资源有序转移、共享聚集，推动部分优质公共服务资源合作。与河北共同筹办好 2022 年北京冬奥会和冬残奥会，促进区域整体发展水平提升。聚焦重点领域，优化区域交通体系，推进交通互联互通，疏解过境交通；建设好北京新机场，打造区域世界级机场群；深化联防联控机制，加大区域环境治理力度；加强产业协作和转移，构建区域协同创新共同体。加强与天津、河北交界地区统一规划、统一政策、统一管控，严控人口规模和城镇开发强度，防止城镇贴边连片发展。

10. 加强首都安全保障。切实加强对军事设施和要害机关的保护工作，推动军民融合发展。加强人防设施规划建设，与城市基础设施相结合，实现军民兼用。高度重视城市公共安全，建立健全包括消防、防洪、防涝、防震等超大城市综合防灾体系，加强城市安全风险防控，增强抵御自然灾害、处置突发事件、危机管理能力，提高城市韧性，让人民群众生活得更安全、更放心。

11. 健全城市管理体制。创新城市治理方式,加强精细化管理,在精治、共治、法治上下功夫。既管好主干道、大街区,又治理好每个社区、每条小街小巷小胡同。动员社会力量参与城市治理,注重运用法规、制度、标准管理城市。创新体制机制,推动城市管理向城市治理转变,构建权责明晰、服务为先、管理优化、执法规范、安全有序的城市管理体制,推进城市治理体系和治理能力现代化。

《批复》最后强调要"坚决维护规划的严肃性和权威性"。《总体规划》是北京市城市发展、建设、管理的基本依据,必须严格执行,任何部门和个人不得随意修改、违规变更。北京市委、市政府要坚持一张蓝图干到底,以钉钉子精神抓好规划的组织实施,明确建设重点和时序,抓紧深化编制有关专项规划、功能区规划、控制性详细规划,分解落实规划目标、指标和任务要求,切实发挥规划的战略引领和刚性管控作用。健全城乡规划、建设、管理法规,建立城市体检评估机制,完善规划公开制度,加强规划实施的监督考核问责。要调动各方面参与和监督规划实施的积极性、主动性和创造性。驻北京市的党政军单位要带头遵守《总体规划》,支持北京市工作,共同努力把首都规划好、建设好、管理好。首都规划建设委员会要发挥组织协调作用,加强对《总体规划》实施工作的监督检查。

《总体规划》执行中遇有重大事项,要及时向党中央、国务院请示报告。

后　记

　　经过几年的论证和准备，北京出版集团正式启动了《京华通览》丛书的编写工作。《北京的城市规划》作为其"北京历史名城"系列的一个分册，于 2017 年 8 月正式启动。接到编写任务后，编者马上开始着手资料的整理与筛选，并形成书目框架报编委会审核。

　　根据编委会的意见，本书是在《北京志》资料的基础上，进一步普及化、大众化，出版面向更大范围的读者，体例和内容简约、通俗，方便阅读。《北京的城市规划》介绍了北京自建城以来城市规划的历史脉络，重点篇幅放在介绍中华人民共和国成立后北京市城市规划的演变，使更多的人通过了解北京的历史变迁，熟悉北京的古都文化，进一步认识北京，了解北京，热爱北京。

　　本书以第一轮北京规划志书中的《北京志·城乡规划卷·规划志》内容为基础，在编纂整理过程中，又参阅了侯仁之先生主

编的《北京历史地图集》(1-3卷)、尹钧科先生的《北京的建置
沿革》，以及北京市规划委员会官方网站上有关城市规划的文件、
文本、图片等。就在书稿编纂接近尾声时，《北京城市总体规划
(2016年—2035年)》获得国务院正式批复。新的北京城市规划
提出北京是"全国政治中心、文化中心、国际交往中心、科技创
新中心"，城市规划"坚持一切从实际出发，注重长远发展，注
重减量集约，注重生态保护，注重多规合一，符合北京市实际情
况和发展要求"，对北京的城市规划做出了具有前瞻性的指导。
我们把这一新的、重要的内容及时补充到书稿中。

在书稿编纂过程中，《京华通览》丛书主编段柄仁同志审阅
了书稿，谭烈飞先生、于虹女士给出了许多有价值的建议并修改
了部分章节，北京出版社史志编辑部的编辑们加班加点，为保证
书稿的质量付出了辛劳，在此一并表示感谢。

限于编者的能力和水平，本书或存在资料选用不妥或遗漏等
问题，敬请读者批评指正。

编　者

2017年12月